跟着风去旅行

天气气候景观观赏指南

屈雅 孙健 主编

中国科学技术大学出版社

序

　　"一山有四季，十里不同天。"当大气层中的各种物理现象与其他景观叠加在一起时，就会形成美丽壮观的奇妙景象：风云雾雨、星空日出、冰泡雪舌……

　　中国气象服务协会于2021年发起"发现气象之美，丰富旅游资源"天气气候景观观赏地征集活动，已先后分两批共征集、遴选出27处"天气气候景观观赏地"，受到了社会的广泛关注。由于我国幅员辽阔，南北和东西跨度大，加上地形多样，形成了复杂多样的气候类型，造就了丰富多彩的天气气候景观，还有很多景观是"养在深闺人未识"。

　　近年来，随着旅游摄影、骑行、露营等的兴起，游客更加喜爱自然风光，天气气候景观吸引了大量游客。该书的出版，可谓恰逢其时。该书系统梳理了典型的、奇特的天气气候景观，用通俗易懂的文字、精美的图片展示出气象旅游资源的独特魅力。天气气候是自然界中较为复杂和多变的现象之一，该书从气象学和气候学的角度出发，介绍了各种天气气候现象的形成原理和特点，让读者能够更好地理解天气气候的变化，了解天气气候景观观赏技巧，更加深入地感受自然界的美妙之处。

　　天气气候被誉为"风景的化妆师"，是存在最普遍、形态最丰富的旅游资源。《气象高质量发展纲要（2022—2035年）》明确指出

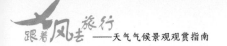
要建立气候生态产品价值实现机制,《国务院办公厅关于促进全域旅游发展的指导意见》明确提出要推动气象、文旅深度融合发展,创新产品供给。该书从资源的角度,阐述了天气气候景观资源的价值及开发利用的途径等。

该书的出版将使旅游爱好者、旅游从业者、气象从业者等受益。希望该书能够成为读者了解天气气候、欣赏自然景色的"帮手",成为研究人员开发利用天气气候景观资源的"助手"。

2023年5月

前　言

　　天气气候景观是旅游资源的重要组成部分,因其具有重要的美学价值、科研价值、休闲娱乐价值等,越来越受到人们的关注。在全域旅游发展的背景下,气象、气候元素不再仅仅起到背景和衬托的作用,而是可以作为独立、独特、绿色、优质的旅游资源从幕后走向台前。提升对天气气候景观资源的认识,是利用好这些"天赐的资源"的基础和前提。

　　本书由安徽省气象学会组织编写,介绍了天气气候景观的概念、内涵、价值,探讨了天气气候景观资源的利用与开发,系统梳理了我国主要的天气气候景观类型,以图文并茂的方式对各个景观的成因、形成气象条件进行了分析,同时给出了最佳的观赏时间和地点,使读者在获得更好的观赏体验的同时,也能了解天气气候景观的相关知识,感受自然的奥妙与神奇。

　　本书由屈雅、孙健全面策划,杨彬、丁国香、吴丹娃、姚叶青、江春、陆高鹏、黄萍、金海燕谋篇布局,姚叶青、许明荣、房艳、李闯进行内容把关和最终统稿。"天气气候景观的概念与内涵"与"天气气候景观的分类"由杨彬、江春、刘文静、丁国香、朱亚宗、高武虎撰写;"天气气候景观的价值"由吴丹娃、严小静、刘文静、朱亚宗、董丹蒙、温玮、李闯撰写;"天气气候景观资源的开发"由杨彬、江春、严小静、姚叶青、苏晓燕、高武虎、周明泽、周剑撰写;"典型的天气景观"由吴丹娃、张曼义、孙维、侍永乐、许明荣、刘忠平撰写;"典型的气候景观"由丁国香、张曼义、苏晓燕、李闯、刘俞杉撰写;"奇特的天气气候景观"由丁国香、刘忠平、许明荣、房艳、孙维、任林、华荣强、雷蕾撰写。本书由李闯、雷蕾、刘俞杉、余进、刘洋、侍永乐、张宁、葛小云校稿。插图由苏晓燕负责制作。在此,向多位摄影爱好者的支持表示感谢!向中国气象服务协会秘书处、新疆维吾尔自治区特克斯县气象局、江苏省江宁区气象局表示感谢!

本书是面向广大读者的科普读物,也可供从事旅游规划、旅游资源开发的人员参考阅读。由于本书内容涉猎面较广,编者水平有限,书中难免存在疏漏之处,敬请广大读者批评指正。

编　者

2023年4月

目 录

概　述

天气气候景观的概念与内涵

天气气候景观的分类

天气气候景观的价值

天气气候景观资源的开发

天气气候景观的概念与内涵

1.什么是天气景观？什么是气候景观？

要理解天气景观、气候景观，首先就要了解天气、气候的概念。天气是指一定区域、一定时间内大气中发生的各种气象变化，在某一瞬间或短时间内大气现象与大气状态的综合，它是一定区域短时间内大气状态（如冷暖、风雨、干湿、阴晴等）及其变化的总称。在大气变化的过程中，具有观赏价值的天气现象及其变化过程，我们称为天气景观。

气候是指一个地区多年常见的、特有的天气状况的综合，是长时间内气象要素和天气现象的平均或统计状态，是一定地区经过多年观察所得到的概括性的气象情况，它与太阳辐射、气流、纬度、海拔、地形等有关。在大气变化的过程中，具有观赏价值的气候现象及其变化过程，我们称为气候景观。

2. 天气景观和气候景观的区别是什么？

从时间尺度来看，天气景观是由天气因素造成的，它是短时间内发生的，并且伴随着快速的变化，如朝霞、晚霞往往伴随着日出、日落，维持的时间很短。而气候景观是长时间内气象要素和天气现象的平均或统计状况的反映,景观相对稳定,如我们常见到的物候景观,每年一般在特定的时间内发生,而且会持续一段时间。

从空间尺度来看,天气景观大多集中在特定的空间区域,如云海的发生往往依赖于特定的地形条件,而云海景观的发生也多集中在特定的区域。相比天气景观,气候景观的发生往往空间范围更大,如上面提到的各种物候景观的形成、变化,往往与特定地区所属气候带气候的变化密切相关。

从景观的变化及稳定性上看,天气景观的变化更为丰富、更为频繁,但维持的时间一般不长,而气候景观规律性更强、变化更缓和,维持的时间一般比天气景观长。

3. 天气气候景观有哪些特点?

一是具有显著的地域差异性。天气气候景观是天气和气候相结合的产物,地理纬度、海陆分布、地形起伏对天气气候的形成起着决定性作用。沿海、内陆、高原、平原有着各自不同的天气气候特点,其天气气候景观也有很大的区别,在不同的大气环流下有着不同的表现形式,从而使各地的气象气候旅游资源具有鲜明的地域性。

二是具有鲜明的局地性。主要表现为受山脉所处位置、海拔高度、坡向、走向的影响以及在地形对气流的作用下,同一气候区或气候带表现出的天气气候景观的局地性差异。我国西南地区地形复杂,多高山峡谷,一条山脉的两侧可以形成截然不同的天气气候景观。"一山有四季,十里不同天"就鲜明地反映出复杂的地形下天气气候的显著差异。

三是具有一定的周期性。有些天气气候景观常常表现为"居无定所,来去无踪",但它在大气环流和季节转换的作用下,又有着规律性的生消,具有相对固定的地点、稳定的出现时段,年复一年固定地出现在某一地区或区域,今年退去明年还会重来。如红叶物候景观总是在每年特定的时间段产生;每年的冬季冰雪如期降临东北地区,使冰雪成为东北地区典型的自然景观。

四是具有多变性。天气气候景观随天气、气候系统的变化而变化,有时一日多次生消,时生时消,时强时弱,如云海景观就是在一次次水汽系统的变化中完成生消过程。

五是具有装点自然界的功能。天气气候景观以光、色彩、形态及变化、移动、生消等形式出现,具有丰富多彩的表现形式。由于有这些奇幻多变的景观装饰,自然界变得绚丽多姿、五彩缤纷。正因如此,天气气候景观具有极强的观赏性。

六是具有丰富的文化内涵。天气气候景观造就了千差万别的地域文化、生活方式、风俗习惯。独特的气候环境往往承载着丰富的文化内涵。

4. 天气气候景观是如何观测的?

天气气候景观的观测是对温度、气压、湿度、风力等气象要素进行观测,从而建立起气象要素与天气气候景观发生之间的关系,以达到观测、预报的目的。随着卫星观测技术的发展,人们已经可以利用卫星观测技术对天气气候景观进行更加直接的观测。随着人工智能技术的发展,天气气候景观识别技术与视频监控相结合,人们能够对天气气候景观进行更加智能化的观测。

天气气候景观的分类

1. 天气气候景观是如何分类的？

天气气候景观是旅游资源的重要组成部分。我国天气气候景观非常丰富，具有极高的观赏价值、利用价值及广阔的开发前景。依据中国气象服务协会团体标准《气象旅游资源分类与编码》(T/CMSA 0001—2016)，气象旅游资源可分为天气景观资源、气候环境资源、人文气象资源三大类，共包括14个亚类和84个子类。其中，天气景观资源有7个亚类53个子类，一般指风、云、雨、雪这类瞬时变化的现象，如云海、彩云、雾凇等；气候景观有6个子类，一般指一个地区在大气多年平均状况下产生的景观，如冰川、雪山等。

2. 天气景观资源有哪些类型？

当大气层中的各种物理现象与其他景观叠加在一起时，就会形成美丽壮观的奇妙景象。中国幅员辽阔，各地的纬度高低、距海远近、地形地势等方面都有很大差异，这给天气景观的形成提供了很好的条件。天气景观资源的类型见表1。

表1　天气景观资源的类型

天气景观资源亚类	天气景观资源子类
云雾	云海、云瀑、波涛、云幔、云絮、云盖、云蔽山、旗云、彩云、雨幡、雪幡、朝霞、晚霞、雾霞、流霞
雨露	夜雨、烟雨、雨霁、露、太阳雨
冰雪	雪霁、飘雪、霰、太阳雪、雨凇、雾凇、雪凇、霜、冰凌
风	松涛、山谷风、清风
光	日出、日落、日晕、月晕、日华、月华、虹、霓、宝光、幻日、蜃景、日柱、极光
极端天气	雷电、龙卷、台风、沙尘暴、冰雹
奇特天象	声雨、时钟雨、佛灯

3. 气候景观有哪些类型？

气候景观包括冰山、冰川、雪山、季节雨、凌汛、物候。其中，季节雨是指由气候造成的特定季节出现的雨，如清明杏花雨、江淮梅雨。

天气气候景观的价值

1. 天气气候景观有哪些价值？

在全域旅游发展的背景下,天气气候景观渐渐成为独立、独特、绿色、优质的旅游资源,从幕后走向台前。云海、雾凇、冰雪、彩虹等天气气候景观不仅给人们带来了美好的体验,具有极高的美学观赏价值,其背后蕴含的科学文化价值也越来越受到人们的关注。开发和利用天气气候景观资源,不仅可以丰富全域旅游内涵,提升旅游产品质量,同时也是助力乡村振兴和脱贫攻坚,切实践行"绿水青山就是金山银山"生态发展理念的具体行动。

2. 哪些天气气候景观是好的气象旅游资源？

判断天气气候景观是否是好的气象旅游资源,主要有三个方面:一是天气气候景观是否具有较高的观赏性、稀有性、知名度、典型性、丰富性等;二是天气气候景观是否能与周边事物协调一致,组合构景,借景生景;三是天气气候景观所在地的旅游交通等配套设施是否达到一定的要求,是否具备较好的开发利用条件。

3. 为什么要开展天气气候景观调查?

天气气候景观和其他旅游资源不同,不像山川、河流等旅游资源作为实物一直存在,其具有过程性、移动性、多变性等特点,因此需要对天气气候景观的种类及出现的季节、时间、地点等进行调查,以便为资源开发、游客观赏等提供科学依据,同时也为天气气候景观资源的评价打下基础。

4. 怎样开展天气气候景观调查?

《气象旅游资源分类与编码》(T/CMSA 0001—2016)将气象旅游资源分为三大类,包括14个亚类和84个子类。天气气候景观包含天气景观资源的全部7个亚类53个子类、气候环境资源的第三亚类气候景观中的6个子类。天气气候景观调查首先针对这59个子类展开调查,其中未包含的也可增加,然后填写《天气气候景观资源调查表》。除了《天气气候景观资源调查表》外,调查地区也可通过图集、视频等对当地的天气气候景观资源进行展示。具体呈现形式有资源调查报告、图集、视频等。

5. 为什么要开展天气气候景观资源评价?

我国乃至世界各地的天气气候景观资源丰富,各具特色。有的景色壮观、规模宏大,有的小巧精致、禀赋独特,有的得天独厚、世界闻名。因此需要建立科学统一的评价标准,从不同的角度评价天气气候景观资源,以衡量天气气候景观资源的价值。

6. 怎样开展天气气候景观资源评价?

首先对天气气候景观资源设定评价因子,然后对各评价因子进行赋分,最后根据得分情况,对其进行等级划分。评价由专家组完成,专家组由相关领域的专业人员组成。专家组根据资源调查结果,依照评分标准进行评分,然后依据专家组的评分结果,对资源进行等级评定。

7. 天气景观资源是如何评价的?

天气景观资源是指能够引起人们进行观赏与游览活动的大气现象及其衍生资源,是可独立观赏或利用的气象旅游资源。其评价采用的是打分、分级评价的方法,评价团队由相关行业专家组成。评价团队按评价标准完成天气景观资源在观赏价值、稀有程度、典型程度、知名度与影响力、文化与科研价值、内容丰度、可预测性、组合构景等方面的评分工作,并按照评分结果得出资源等级。

8. 气候景观资源是如何评价的?

气候景观资源是指长期气候现象衍生出的旅游资源,是稳定的、有特定价值或一定功能的气象旅游资源。其评价采用的是打分、分级评价的方法,评价团队由相关行业专家组成。评价团队按评价标准完成气候景观资源在稀有程度、典型程度、知名度与影响力、文化与科研价值、稳定性、功能性等方面的评分工作,并按照评分结果得出资源等级。

天气气候景观资源的开发

1. 当前天气气候景观资源开发的机遇是什么？

一是旅游产业的转型、发展为气象旅游的发展带来机遇。中国旅游已经从传统的观光旅游向休闲旅游、度假体验、康体养生旅游延伸，在此背景下各地更加注重对自然资源的开发与利用，天气气候作为自然旅游资源的一种，其差异具有普遍性、其功能具有多样性，具有非常广阔的开发、利用空间。

二是国家相关文件、政策也对气象旅游的发展提供了支持。目前文旅、气象等部门都开始关注气象旅游的发展。2018年，国务院办公厅发布的《关于促进全域旅游发展的指导意见》就明确提出：要推动旅游与气象等部门融合发展，开发建设天然氧吧、气象公园等。这意味着天气气候不仅是旅游活动的背景，更是一种旅游资源，尤其是天气气候景观直接为旅游产业的发展增添新元素，为全域旅游的发展注入新动能。2022年，国务院关于印发《气象高质量发展纲要（2022—2035年）》的通知提出：应优化人民美好生活气象服务供给，加强高品质生活气象服务供给及公共气象服务供给，要强化生态文明建设气象支撑，建立气候生态产品价值实现机制，打造气象公园、天然氧吧、避暑旅游地、气候宜居地等气候生态品牌。这些文件的出台为开发、利用天气气候景观资源,发展气象旅游提供了非常好的政策保障。

三是气象技术的发展为气象旅游资源的开发提供了支撑。中国气象局、中国气象服务协会、各省气象局一直以来都在积极探索气象旅游资源的开发工作。在技术方面,中国气象服务协会已经制定了《气象旅游资源分类与编码》《气象旅游资源评价》《养生气候类型划分》等针对气象旅游资源开发的系列标准,逐步构建了气象旅游资源的分类、普查、评价等技术体系。各省也针对本省的气象旅游资源特点,研发了各类天气气候景观的观测、预报技术,如黄山市研发了云海、日出等景观预报技术。安徽省、江西省等相关地区针对长江以南油菜花赏花游的需求,研发了油菜花花期预报,对当地旅游业的发展起到显著的促进作用。内蒙古额济纳旗气象局针对当地特点,开展了胡杨林黄叶物候景观观测,并且研发了预报技术、服务产品,既服务了当地旅游部门,也服务了广大游客,起到了较好的效果。这些技术的发展,为气象旅游资源的开发、利用奠定了坚实的基础。

2. 天气气候景观资源的开发需要具备什么条件?

一般来说,天气气候景观资源的开发需要具备以下条件:

一是对当地的天气气候景观资源进行较为系统的普查。通过普查可以掌握天气气候景观资源的时空分布规律、发生的频率、发生的条件,为针对性地制定开发方案奠定基础。

二是要具有一定的资源监测、预报等技术支撑。天气气候景观资源与其他资源相比,最大的特点就是速变性、多变性。如果对这种变化掌握不够,就很难有效地对其进行开发,而对天气气候景观资源变化规律的掌握又是建立在对其长期观测的基础上的,因此只有通过发展这些景观的观测、预报技术,掌握其规律,

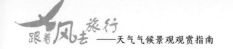

才能更好地开发、挖掘它们。

三是需要配以科普、宣传等活动。天气气候景观资源与其他旅游资源相比，由于其变化性较大而不容易被公众认知，在这种情况下，就需要开展一些天气气候景观资源的科普、宣传活动，让更多的人了解天气气候景观资源的特点、价值，使其概念被广泛接受。

3. 如何评估某地天气气候景观资源的开发潜力？

一是天气气候景观资源要有一定的典型性。天气气候景观广泛存在，但是具备开发潜力的景观在形态、变化、色彩等方面一定要具有典型性。

二是天气气候景观资源要有显著的区域差异性。天气气候景观资源至少在一定区域（区、市、省，甚至全国）内具有显著的特点，有明显的区分度。区域差异性是天气气候景观资源开发的基础之一。

三是天气气候景观资源要有一定的稳定性。天气气候景观资源最大的特点是具有变化性，但这种变化是一种相对稳定的变化，有一定的变化规律。我们需通过技术手段来掌握这种变化规律，从而将"琢磨不定"的资源变成相对稳定的资源。

天气气候景观资源具有开发与利用的潜质。除此之外，天气气候景观资源要有一定的规模、体量才值得去开发。

4. 天气气候景观资源开发与利用的途径有哪些？

我们可围绕天气气候景观资源，开辟旅游线路，因地制宜地将特色天气气候景观资源串联起来，这样就可以开发出独具特色的气象旅游线路、四季旅游线路。我们也可围绕天气气候景观资源,开发旅游景点。目前,从总体上看,天气气候景观资源的开发远远不足。我们可以利用天气气候景观资源广泛存在的特点,充分利用资源的局地性、差异性,因地制宜地打造新的旅游景点。此外,我们还可以围绕天气气候景观资源,设计旅游产品,打造旅游品牌。

5. 在天气气候景观资源开发的过程中需要注意什么?

一是要因地制宜,根据本地的特色来开发天气气候景观资源,将天气气候景观资源的开发与当地旅游的发展方向相融合。

二是天气气候景观资源的开发与利用应和生态环境保护相统一,坚持经济效益和生态效益、社会效益相结合,开发与保护并举的原则。

三是天气气候景观资源的开发与利用应和当地的经济发展相协调,以开展天气气候景观旅游促进地区经济发展为宗旨,依据区域典型的天气气候景观的特点和周围自然与人文景观的特征、环境条件,以旅游市场为导向,总体规划、统筹安排,切实注重发展经济。

6. 有哪些成功的开发利用案例?

开发天气气候景观资源的案例有很多,如安徽大别山彩虹瀑布风景区坐落于安庆市岳西县,岳西县位于皖西南边陲、大别山腹地,因位于古南岳之西而得名。旅游景区总面积为40平方千米,核心景区面积为3.2平方千米,大别山彩虹瀑布高80米,宽30

米,平均流量为2～5立方米/秒,水流自猴子崖飞泻而下,气势磅礴,吼声如雷。河水撞击岩石,水花四溅,犹如喷雾行云,阳光透过水雾呈现出一道道绚丽的彩虹,游人身临其境,如梦如幻。因猴河水量大,四季不涸,无论春夏秋冬,凡有太阳均有彩虹奇观。此景区依托彩虹这一天气气候景观,开发出集奇景观光、山水休闲、生态养生、文化体验、户外运动、会议培训、科普教育等于一体的复合型、时尚化、多功能、全时空的旅游休闲度假胜地。

2021年,中国气象服务协会策划且参与了"天气气候景观观赏地"征集活动(图1),并公布了歙县坡山村云海、黟县塔川秋色、岳西彩虹瀑布等我国首批15个"天气气候景观观赏地",极大地促进了当地气象旅游知名度的提升。

图1　CCTV2播报"天气气候景观观赏地"征集活动新闻

7. 什么是气象公园?

气象公园是指以气象旅游资源(包括天气景观资源、气候地理资源、大气环境资源、生态气候资源、气候康养资源、人文气象资源、气象科普资源等)为主体,具有较高的生态、观赏、科学和文化价值,主体资源具有一定规模且可持续利用的区域。气象公园以气象旅游资源的开发、利用为目的,能够促进生态旅游经济发展,发挥生态产品价值转化功能,为公众提供亲近自然、体验自然、了解自然的游憩机会,增强人们敬畏自然、保护自然的意识。

8. 气象公园需要具备怎样的天气气候景观资源?

气象公园中的天气气候景观一般观赏价值高、有较高的知名度和影响力,景观类型丰富且具代表性。同时,天气气候景观应有一定的重现频率和可预报性,且有极高的开发利用价值、文化价值和科学价值。

天气气候景观
的观赏

典型的天气景观

典型的气候景观

奇特的天气气候景观

跟着风去旅行——天气气候景观观赏指南

典型的天气景观

云　　雾

1. 什么是云海?

云海是指在静稳天气条件下形成的较大面积的云层,同时云顶高度低于山顶高度。当人们在高山之巅俯视云层时,看到的是一望无际的云,云卷云舒间,白浪滔滔,如临大海之滨,故人们称这一现象为云海。

2. 云海的形成需具备什么样的气象条件?

云海实为低云或雾,形成于上干下湿的大气中,低层空气相对湿度大,大气环境稳定。云海的形成机理主要包括以下四类。

一是辐射冷却(图2)。冬春季节,在晴天的晚上,地面通过长波辐射向外传递热量,近地面气温下降,如果此时低层空气相对湿度大,气温与露点温度相差较小,降温后空气的温度达到露点温度,水汽凝结成液态雾滴,尤其是在逆温、小风的情况下,大气层结稳定,雾滴悬浮于空中,形成大范围稳定的云海。

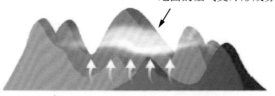

夜晚地面辐射冷却，贴近地面的空气变冷形成雾。

图2　辐射冷却

深秋和冬春季节雨（雪）后天晴，在高山之巅最易观赏到云海。雨雪过后大气层结稳定，近地面空气相对湿度较大，辐射冷却后由水汽凝结的云雾在逆温情况下不断扩散，形成广阔绵延的云海。人站在高山之巅，如临大海之滨，浪花飞溅，惊涛拍岸，这便是云海奇观。太阳升起后，地面气温升高，云雾蒸发，云海逐渐消散。

二是系统过境（图3）。冷空气或其他天气系统过境后，中高层大气相对湿度变小，中高云消散，但低层大气的相对湿度仍很大，低云未消散。山巅之上天气晴朗，但山巅之下的低云，由于云顶高度较低，便形成了云海。这类云海常常出现在雨后，云海范围大，蔚为壮观。

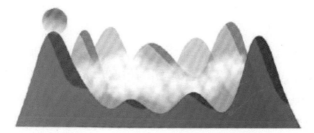

中高层大气相对湿度小，可见阳光；低层大气相对湿度大，有低云。

图3　系统过境

三是地形抬升（图4）。暖湿空气平流到山区后，受地形影响被迫抬升,尤其是喇叭口地形的堆积辐合和抬升作用更为明显,抬升过程中空气绝热膨胀冷却,达到饱和后形成高度较低的云海。

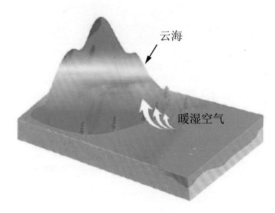

云海

暖湿空气

图4　地形抬升

四是局地扰动(图5)。山区山高谷深,林木众多,水分不易蒸发,空气湿度大。在这种气候条件下,白天山顶受到太阳辐射,增温比山谷快,且山顶气压低于山谷,在气压梯度力的作用下,形成谷风,气流由山谷向山顶爬升,抬升的气流绝热冷却,使水汽凝结成云。傍晚,随着山顶气温下降,谷风转变为山风,气流向山谷聚集,山谷处气流聚集上升凝结,形成云海。

此外,降雨后,低空水汽含量增多,容易饱和,在气流的动力扰动作用下,易形成支离破碎的碎雨云,积云云朵和碎雨云构成的云海,其特点是云海分散、范围小。山高谷深的地形构成"凹"字形,山间大小盆地镶嵌其中,中部小盆地,周边环山,受地形阻隔,云雾形成后不易消散,最终形成长时间的云海景观,弥漫于峰峦、沟谷之间。

白天日出后，山顶比山谷升温快，山谷气温低，空气下沉，山顶气温高，空气上升，上升空气冷却饱和形成云海。

夜间山顶比山谷降温快，山顶气温低，空气下沉，山谷气温高，空气上升，上升空气冷却饱和形成云海。

图5　局地扰动

3. 云海有哪些种类？

根据云海形成时云的种类不同，可将云海划分成层积云、淡积云、碎积云、碎层云、碎雨云（表2）。

表2 云海种类划分

划分依据	分类	云海特点
云的种类	层积云	团块、薄片或条形云组成的云群或云层,常成行、成群或呈波浪状排列。云顶较平,少有凸起和破碎
	淡积云	孤立分散的小云块,底部较平,顶部呈圆弧形凸起,云体的垂直厚度小于水平宽度,晴天常见
	碎积云	破碎的不规则积云块,体积不大,形状多变,多呈白色碎块。随着对流增强,可发展为淡积云
	碎层云	由层云分裂或雾抬升形成,云体破碎,呈灰色或灰白色
	碎雨云	于降雨前后出现。云层下的雨水在空中蒸发后导致空气湿度加大,经扰动凝结形成碎云,云体破碎,移动较快,形状多变,呈灰色或暗灰色

（1）层积云

深秋和冬春季节,云海以层积云居多,由于深秋和冬春季节大气层结较稳定,易形成层积云。层积云为团块、薄片或条形云组成的云群或云层,常成行、成群或呈波状排列。云块体积大,云体较厚,云顶较平,少有凸起和破碎,具有较好的连续性和延展性,会给观看者带来一场极佳的视觉盛宴(图6至图9)。

图6 天柱山层积云云海

摄影:许明

图7 黄山层积云云海

摄影:许义伍

图8 安徽霍山县屋脊山层积云云海

图片来源:"天气气候景观观赏地"征集活动

图9　安徽歙县坡山村层积云云海
图片来源："天气气候景观观赏地"征集活动

（2）淡积云、碎积云

春季到秋季均可见，夏季最为明显，夏季大气层结较不稳定，在大气对流或地形抬升的影响下较易形成。淡积云和碎积云多为晴天可见，夏季白天山谷温差大，容易形成局地弱对流，常有积云形成，多为孤立分散的小云块，底部较平、顶部呈圆弧形凸起的淡积云，或轮廓不完整、形状多变、白色碎块状的碎积云。碎积云随着对流增强，可发展为淡积云，对流旺盛时还可以进一步发展为浓积云，因而淡积云出现时也常有碎积云出现。在傍晚或上午，偶尔可以看到由淡积云、碎积云形成的云海，但云海维持的时间较短（图10）。

（3）碎层云

碎层云一般由层云分裂或雾抬升而成，云体破碎，形状多变，呈灰色或灰白色（图11和图12）。

图10　黄山淡积云、碎积云云海
摄影:许义伍

图11　霍山白马尖碎层云云海
摄影:邹俊

图12　黄山碎层云云海

摄影:许义伍

（4）碎雨云

碎雨云出现在降雨前后,由云下雨水蒸发,空气湿度增大,扰动凝结而成。碎雨云高度低,云体破碎,移动速度较快,呈灰色或暗灰色(图13)。

图13　碎雨云云海

摄影:许义伍

4. 云瀑(瀑布云)是怎样形成的?

云瀑是云海的一种。当流动的云遇到山口或悬崖时,像瀑布一样倾泻而下,形成云瀑,也叫瀑布云(图14)。

图14　江西庐山云瀑

图片来源:"天气气候景观观赏地"征集活动

5. 什么季节适合观赏云海?

根据多年气象观测资料统计,云海多出现于每年11月至次年4月,即深秋和冬春季节云海出现次数较多,尤其是雨雪后天气转晴,此时云海规模大、波澜壮阔、持续时间长。夏季云海出现次数较少,且云海范围小,持续时间短。这种明显的季节变化主要是由云的凝结高度和大气的稳定性随季节的不同而变化造成的。深秋和冬春季节,冷空气活动频繁,大气稳定且低层气温较低,云的凝结高度低,常出现大面积的云海;夏季气温升高,大气不稳定,对流旺盛,云的凝结高度上升,只能看到缥缈的烟云,不易看

到大面积的云海。

雨雪天气后，云海出现次数较多。冬季，从北方侵袭的冷空气常常带来雨雪天气。雨雪天气后，近地面湿度大，而高层空气已经变干，因此形成的云雾顶高较低，呈现出大面积稳定的层积云云海。

根据多年的气象观测，白天最易观赏到云海的时间是8点前后，这是因为夜间辐射冷却，水汽凝结成雾，日出以后，地面受热增温，雾抬升形成层积云，9点以后逐渐消失。

6. 我国有哪些知名的云海观赏地？

研究表明，大部分云海是由层积云形成的，根据层积云的形成高度，海拔在800米以上的山区易观赏到云海，且海拔越高云海越壮观。如安徽黄山、江西庐山、江西三清山、山东泰山、四川峨眉山、四川牛背山、福建九仙山(图15)、山东崂山(图16)、陕西太白山、陕西塔云山(图17)、湖北坪坝营(图18)，均是观赏云海的好去处。此外，陕西汉阴县凤堰古梯田云海(图19)、浙江云和县梯田云海(图20)、安徽歙县坡山村云海，云海覆盖下梯田若隐若现，村舍散落其间，农夫悠然劳作，美若世外桃源。

图15 福建九仙山云海
图片来源："天气气候景观观赏地"征集活动

图16　山东崂山巨峰云海

图片来源:"天气气候景观观赏地"征集活动

图17　陕西塔云山云海

图片来源:"天气气候景观观赏地"征集活动

图18 湖北坪坝营云海
图片来源："天气气候景观观赏地"征集活动

图19 陕西汉阴县凤堰古梯田云海
图片来源："天气气候景观观赏地"征集活动

图20　浙江云和县梯田云海
图片来源:"天气气候景观观赏地"征集活动

7. 雾是如何形成的?

雾是近地面空气中水汽凝结(或凝华)而成的微小水滴(或冰晶),是水平能见度小于1000米的天气现象。

雾和云的形成原理相同,即水汽遇冷凝结而成。我们知道,空气中是含有水汽的,空气中可以容纳水汽的多少与空气的温度有关,空气的温度越高,空气中所能容纳的水汽越多。当空气中容纳的水汽达到最大限度时,就达到了饱和。如果受外界因素影响,空气中所含的水汽多于一定温度条件下的饱和水汽量,那么多余的水汽就会凝结出来,当足够多的水分子与空气中的微小灰尘颗粒结合在一起时,就会变成小水滴或冰晶,便形成了云或雾。实际上也可以说,雾是靠近地面的云,云是空中的雾。

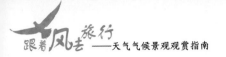

8. 雾有哪些种类？

根据天气条件来分类,雾可以分为锋面雾和气团雾两大类。锋面雾发生在冷、暖空气交界的锋面附近,以暖锋附近居多。锋前雾是由锋面上暖空气云层中的雨滴落入地面冷空气内,下落蒸发,使近地面空气达到过饱和而凝结形成的。而锋后雾则是由暖湿空气移至原来被暖锋前冷空气占据过的地区,经冷却达到过饱和而形成的。锋面雾的特点是常跟随锋面一起移动,一般雾后便是持续性的降雨。气团雾受地理环境和地面性质的影响,又可分为辐射雾、平流雾、蒸发雾、上坡雾等。

（1）辐射雾

辐射雾是指在日落后地面的热量辐射至天空中,冷却后的地面冷凝了附近空气中的水汽而形成的雾。辐射雾多出现于晴朗、微风、近地面水汽比较充沛,且空气上下交换少(即比较稳定)的夜间和早晨。因为在这种天气状况下,地面辐射冷却快、降温明显,使低层湿空气得以凝结成雾。

清晨气温最低,便是雾最浓的时刻。在日出后不久或风速加快后,辐射雾便会自然消散。

（2）平流雾

平流雾是指当暖湿空气平流到较冷的雾的下垫面时,下部冷却而形成的雾。平流雾和空气的水平流动是分不开的,只要持续有风,雾就会持续长久。如果风停下来,暖湿空气来源中断,雾就会很快消散。

海雾就是典型的平流雾,它的特点是面积大、雾气浓,不像辐射雾那样有明显的日变化,大雾可以数日不散。这种雾还常伴随毛毛雨的天气,有诗云:"秋城海雾重,职事凌晨出。浩浩合元天,溶溶迷朗日。才看含鬓白,稍视沾衣密。道骑全不分,郊树都如失。霏微误嘘吸,肤腠生寒栗。归当饮一杯,庶用蠲斯疾。"

(3)蒸发雾

蒸发雾是指冷空气流经温暖的水面,气温与水温相差很大,水面蒸发大量水汽,水面附近的冷空气凝结水汽而形成的雾。蒸发雾一般范围小、强度弱。

此类雾的最佳观赏地有"雾漫小东江",该景点位于湖南省郴州市东江湖的下游。旭日东升和夕阳西下之时,小东江狭长而又清亮的湖面上,雾霭如轻纱漫舞,一会儿影影绰绰,一会儿云蒸霞蔚,碧绿的江水、漂泊的渔船与弥漫的白雾构成了一幅幅淡雅的水墨画。"雾漫小东江"形成的原理与吉林雾凇一样,都是由温差造成的,由于小东江的水是东江电站发电时从大坝底部流出来的,水温常年保持在8~10摄氏度,于是在春夏季江面形成温差并产生水雾,就有了这如梦如幻的"雾漫小东江"。

(4)上坡雾

上坡雾是湿润空气在流动过程中沿着山坡上升时,因绝热膨胀冷却而形成的雾。这时潮湿的空气是稳定的,山坡坡度较小且风较小,否则形成对流,雾就难以形成。

这种雾常见于山坡上潮湿的林间。正如朱岳在《睡觉大师》中所说:"山中的浓荫被雨水浸透之后,升腾出绿色的雾霭,飘出山坳,笼罩了整座村庄。山谷的葱翠仿佛凝结成为一滴露水,流入了闭目冥想的哀势守的心底。"

9. 雾为何兆晴又兆雨?

说到这里,你也许会想起"丝丝缕缕,看上去如同落地纱帘。一阵铃铛声传来,雾中走出一头头黄牛。走在后面的放牛人连声

吆喝,却只闻其声,不见其人"。你是否想过,为什么有时雾出预报晴,有时雾出预报雨呢?

其实自古以来,我国劳动人民就认识到雾与未来的天气变化有着密切的关系,雾兆晴还是兆雨,许多民间谚语都有所说明,如"黄梅有雾,摇船不问路。"这是说雾是雨的先兆。它往往与梅雨季节的天气系统相关联,正如前文所说的锋面雾。民谚说:"大雾不过晌,过晌听雨响。"这与雾持续的时间有关。在春夏季节,我国沿海和岛屿的平流雾,主要是南方暖气流进入北方较冷的海面上而冷却凝结的大范围海雾,并随着暖气流有规律地逐步北上。所以,它一旦出现且持续多日,往往预示着天气阴雨。

又如,"清晨雾色浓,天气必久晴。""雾里日头,晒破石头。""早上地罩雾,尽管晒稻谷。"这些民谚指的都是辐射雾。因为辐射雾是夜间地面辐射冷却,水汽遇冷凝结而成的,所以白天温度升高,就烟消云散了。它往往出现在气层稳定的秋冬季,和晴好天气相伴。我们只有仔细观察雾生成的时间、季节、持续时间、周围的环境及天气情况,判断出是哪一类雾,是单一因素影响的雾,还是多种因素影响的雾,具体问题具体分析,才能做到看雾知天,生搬硬套是不行的。

10. 为什么山区经常云雾缭绕?

山区经常云雾缭绕与植被、海拔有关。山区植被较多,蒸腾作用较为明显,水蒸气含量较多。山区海拔较高,气温随着海拔上升而下降,水蒸气遇冷凝结成小水滴。因为水滴较小,不会下落成雨,所以呈现出一派云雾缭绕的景象。

11. "中国雾都"在哪里？

我国的四川省、重庆市,地处亚热带季风性湿润气候区,多雨,且为典型的盆地,水汽易聚集且不易扩散,所以呈现多云多雾的天气。重庆地处长江、嘉陵江两江汇合处,河流众多,风景优美,特殊的地理环境造就了重庆"中国雾都"的称号。重庆璧山县的云雾山全年雾日多达204天,堪称"世界之最"。

位于重庆市巫山县与湖北省巴东县之间的巫峡,名胜古迹众多,不仅有著名的十二峰,还有因谷深狭长、日照时短、湿气蒸郁不散而形成的千姿百态的云雾,游客冠以"山帽子雾""轻纱雾""半山雾""跑马雾"等美名,也造就了"巫峡赏雾"的好去处。

雪 景

1. 降雪形成的气象条件是什么？

雪晶是大气中的水汽遇冷、急剧凝华而成的无色半透明固体水凝物,多呈六分支的辐枝状、六角形片状结晶,单个雪晶的等效直径可达1毫米以上,有时许多雪晶在下降中因碰并(攀附、黏附)而形成等效直径大于5毫米的雪花,温度较高时多成团降落。降雪形成的气象条件(图21)如下:

(1) 充足的水汽和水汽输送

当空气中水汽充足,水汽压达到饱和时,饱和湿空气一旦冷却,空气里多余的水汽就会变成水滴或冰晶。降雪不仅需要本地有充足的水汽,还要有水汽不断向本地输送。安徽境内的降雪,尤其是大雪和暴雪,一般是南海和东海水汽随着中低层的西南气流和低层的偏东气流输送到境内,为降雪提供水汽。

图21 降雪形成的气象条件

(2)上升气流

降雪不仅需要有水汽,还需要有上升气流将湿空气向上抬升,此过程中空气温度降低,对应饱和水汽压降低,从而使更多的水汽凝华成小冰雪晶,当冰雪晶足够大时,便从空中降落,形成降雪。

(3)气温足够低

除了需要水汽输送和上升气流外,气温也是形成降雪的关键因素。

近地面以上大气气温在小于或等于0摄氏度时才会出现降雪。冬季大气中上层气温较低,但1500米以下的气温时常在0摄氏度以上,只有当低层气温低于-2摄氏度且近地面气温在0摄氏度左右或更低时,雪花在降落的过程中才不会融化成雨。因此冷空气是降雪的重要气象条件,暴雪还常常伴有较明显的偏东或东北大风。

雪景取决于积雪深度和降雪量的大小,一般来说大雪以上等级的降雪才能营造出玉树琼花、宛若仙境的美景。

2. 我国有哪些赏雪胜地?

雪景是富有诗意的自然景观。白雪覆盖的世界,空旷浩渺,给人一种宁静、亲切的感觉。我国地域辽阔,赏雪胜地非常多,如杭州西湖、黑龙江海林雪乡童话小村、洛阳老君山、内蒙古阿尔山柴河、新疆喀纳斯、北京故宫、漠河北极村、吉林长白山、山东泰山、安徽黄山、云南玉龙雪山、黑龙江凤凰山(图22)、新疆特克斯喀拉峻(图23)等。

图22 黑龙江凤凰山高山雪原
图片来源:"天气气候景观观赏地"征集活动

图23　新疆特克斯喀拉峻冰雪
图片来源："天气气候景观观赏地"征集活动

3. 雪舌景观是怎么形成的？

雪乡的雪像糖浆一样从屋檐垂悬而下，没有外力支撑，既不断裂也不掉落。房屋屋檐层层叠叠的积雪延伸出的雪舌在风力的作用下可达1米厚，其形状好似奔马、卧兔、神龟、巨蘑，就像天上的朵朵白云飘落（图24和图25）。

雪乡的雪花细腻有黏性，因为它相互勾连，聚合成团，仿佛黏在了一起，再加上雪乡三面环山，受张广才岭山脉的阻挡，冬季牡丹江周围原本5～6级的风刮到这里就只有2～3级了。这种微风有个妙处，就是不会把屋顶厚厚的积雪吹落，但又能把表层的积雪吹到房屋一侧，层层累积起来。这些累积起来的雪层靠着自身重量产生的压力，使原本就勾连在一起的雪花压得更紧实，慢慢地成为一个不会脱落的整体，便形成了雪舌奇观。

图24　黑龙江牡丹江市雪乡雪舌

图片来源:"天气气候景观观赏地"征集活动

图25　黑龙江牡丹江市雪乡

图片来源:"天气气候景观观赏地"征集活动

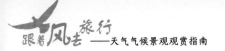
4. 南北方的雪有什么不同?

受地面气温、相对湿度等因素的影响,在南北方,雪形成的积雪深度是不同的。通常北方的雪密度小、蓬松度较高,堆起来的高度较高,1毫米降雪可形成深度为8~10毫米的积雪;而南方的雪密度大、湿度大、蓬松度低,1毫米降雪的积雪深度为6~8毫米。

5. 什么是太阳雪? 太阳雪是怎么产生的?

太阳雪指的是一种天气情况、自然现象,多指在太阳出现时产生的降雪过程。

太阳雪形成的主要原因是受冷空气影响形成降雪,同时高层云不足以遮住太阳,于是出现了一边下雪一边出太阳的景观。

凇 景

1. 凇景包括哪些?

凇景包括雾凇、雨凇、雪凇。

2. 什么是雾凇?

雾凇俗称"树挂",是指在空气层中的水汽直接凝华,或过冷却雾滴直接冻结在物体上的乳白色冰晶沉积物结合不紧密,附着力较差,脱落下来而形成的景象。其相对密度较大,多附在细长的物体或物体的迎风面上(图26)。

图26　雾凇

摄影:刘月成

3. 雾凇是怎样形成的?

雾凇有两种形成机制:一种是过冷却雾滴碰到同样低于冻结温度的物体时冻结而成的粒状雾凇,其结构紧密,南方地区高山雾凇多为此种形成机制;另一种是空气中的水汽凝华形成晶状雾凇,其结构松散,多见于北方。

当过冷却雾滴或水汽碰到低于冻结温度的物体而冻结或凝华成固态时,会结成雾凇层或雾凇沉积物。雾凇层由小冰粒构成,它们之间有气孔,无数冰点以下的雾滴随风在雾凇层上不断积聚冻黏,便形成了雾凇典型的白色不透明的外表和粒状结构。

4. 北方与南方山区的雾凇有什么差异?

在我国南北方均可观赏到美丽的雾凇,北方比南方更容易出现雾凇现象,尤其在北方河湖湿地等水生态环境附近,雾凇更普遍。北方雾凇多为晶状雾凇,松散,易脱落,这主要是由低温环境下水汽凝结造成的。南方雾凇多为粒状雾凇,在南方高山地区雾凇也比较常见,如安徽黄山、四川峨眉山、江西庐山等山区均是观赏雾凇的绝佳胜地。

5. 雾凇的形成需要什么气象条件?

雾凇出现的气象条件是低温、充足的水汽以及微风。气温一般要在−1摄氏度以下,气温越低雾凇越容易出现。据气象观测统计,大部分雾凇出现在−2摄氏度以下。

对于高山型雾凇,气温同样要达到−1摄氏度或以下。前一日或当日出现降水或当日出现雾且风力在1~2级时更易观赏到雾凇。而对于河湖湿地等水生态环境附近的雾凇,气温一般要达到−2摄氏度以下,且昼夜温差大,一般大于10摄氏度,天气晴朗,微风。

6. 什么时间可观赏到雾凇?

雾凇主要出现在寒冷的冬季,尤其是12月到次年2月晴朗的早晨,春秋季较少见。

7. 我国著名的雾凇观赏地有哪些?

我国著名的雾凇观赏地见表3,黑龙江逊克县大平台雾凇、黑龙江饶河县乌苏里江湿地雾凇如图27、图28所示。

表3 著名的雾凇观赏地

观赏地	观赏时间
黑龙江库尔滨河	11月中旬至次年3月中旬
吉林雾凇岛	12月下旬至次年2月底
内蒙阿尔山	12月至次年2月
松花江畔	11月下旬至次年3月
长白山	11月至次年2月
新疆天鹅泉	12月至次年1月
四川峨眉山	11月上中旬至次年4月初
安徽黄山	12月至次年2月中旬
湖南天门山	11月下旬至次年3月上旬
湖南衡山	12月至次年2月
黑龙江逊克县	11月至次年3月
黑龙江乌苏里江湿地	10月至次年3月

图27　黑龙江逊克县大平台雾凇

图片来源:"天气气候景观观赏地"征集活动

图28　黑龙江饶河县乌苏里江湿地雾凇

图片来源:"天气气候景观观赏地"征集活动

8. 什么是雨凇?

雨凇是指过冷却雨滴落到0摄氏度左右的地面或物体上,立即冻结而成的坚硬冰层,通常是透明的或毛玻璃状的,相对密度较大,外表光滑或略有隆突(图29和图30)。

图29　九华山雨凇近景

摄影:丁慧敏

图30　九华山雨凇

摄影:齐建华

9. 雨凇与雾凇有什么不同？

雾凇、雨凇两种气象景观的比较见表4。

表4 雾凇、雨凇两种气象景观的比较

	雾凇	雨凇
成因	过冷却雾滴冻结或在极低气温下水汽直接凝华而成的乳白色冰晶	过冷却水滴接触地面物体后直接冻结而成的坚硬冰层
形成时的气象条件	地面物体温度低于−1摄氏度，相对湿度较大，天气晴好，有雾出现（南方）	地面物体温度低于−1摄氏度，大气中低层多伴有逆温层，有雨、毛毛雨或雨夹雪现象
外形	呈毛茸茸的针状或表面起伏不平的粒状	呈透明或毛玻璃状，外表光滑或略有隆突
密度	密度小	质地坚硬，密度大
出现时间	具有明显的日变化，多出现在夜间到早晨	可出现在一天中的任意时间
持续时间	持续时间较短（几小时），高山地区偶有多天	持续时间长于雾凇，几小时到几天，甚至更长时间

10. 什么气象条件下会产生雨凇？

雨凇的形成需要特定的温度层结和成云致雨的气象条件，即大气低层存在暖层（>0摄氏度）或云层内以过冷却水滴为主，近地面温度低于0摄氏度且冷层较薄，地面气温较低，风力较小，以1~2米/秒的偏北风为主，有雨雪或毛毛雨（图31）。

大气低层存在暖层是出现雨凇的重要条件，由于西南暖湿气流的输送，大气低层（高度为1000~3000米）出现0摄氏度以上的暖层，固态的水凝物粒子（如雪、霰、冻滴）经过暖层融化成液态雨滴继续降落,下降的雨滴经过近地层的负温区成为过冷却水滴,落到0摄氏度以下的地面或物体上时,会立即冻结成坚硬的冰层,出现雨凇。

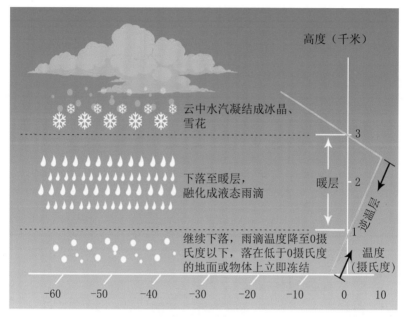

图31　雨凇的形成

在山区中存在大气低层没有暖层但出现雨凇的情况。当大气整层温度均在0摄氏度以下时,纯小水滴在−10~0摄氏度的温度下仍主要以过冷却水的液态形式存在,固态冰晶较少。此时,虽然没有暖层,但过冷却水滴直接降落到气温低于0摄氏度的山区时也会冻结成雨凇。

11. 什么地方可以观赏到雨凇?

与雾凇类似,雨凇易出现在高海拔山区,不同的是水生态环境与雨凇关系不大。我国出现雨凇最多的地区是贵州,其次是湖南、湖北、河南等地。在北方,山东、河北、辽东半岛、陕西和甘肃等地雨凇也比较常见,其中山区比平原多,高山最多(图32)。

图32　黄山雨凇
摄影:刘安平

12. 什么时间可以观赏到雨凇?

雨凇在山地和湖区多见。中国大部分地区的雨凇都在12月至次年3月出现。中国年平均雨凇日数分布特点是南方多、北方少,潮湿地区多、干旱地区少,尤以高山地区雨凇日数最多。

13. 雨凇是景观还是灾害?

冻雨是一种特殊类型的降雨和天气现象,而雨凇是冻雨的结果。雨凇虽然是一种景观,但也会成为灾害。

雨凇与地表水结冰有明显不同,雨凇是温度低于0摄氏度的过冷却液态雨滴落到温度为0摄氏度以下的物体上时,立刻冻结成外表光滑且透明的冰层,它黏附在物体表面而不流失,形成越来越厚的坚实冰层。

雨凇是个有趣的现象,一般会使大地银装素裹、晶莹剔透,形成美好的自然景观,但发展到一定程度时会对附着物产生直接危害或引发间接危害。冰层不断冻结加厚,常会压断树枝,因此雨凇能大面积地破坏幼林、冻伤果树、冻坏返青的冬小麦等,给农林业造成严重的损失。雨凇甚至还可能把房子压塌,危及人们的生命财产安全。

14. 什么是雪凇?

雪凇是由雪花附着于物体表面不断聚积而成的白色沉积物(图33至图35)。

图33　黄山雪凇

摄影:刘安平

图34　雪凇近景

摄影:刘安平

图35　九华山雪凇

图片提供者:濮盛谊

冰　凌

1. 什么是冰凌?

水在0摄氏度或低于0摄氏度时凝结而成的固体称为冰,冰累积下来就变成凌,即冰凌。冰凌一般在零下几度时出现,主要分为三类:第一类是冰川冰,其是在雪山冰川上累积多年的冰块而形成的冰,强度大,不易融化。第二类是沉积冰,其是由降雪沉积而成的。第三类是水成冰,这是最常见的一种,是由水直接冻结而成的。在水体表面,雪花和水一起结成的冰块,一般在冬天的河里、湖里、海里都能看到。

2. 冰凌是怎么形成的?

日常生活中,我们常见的冰凌主要是这样形成的:当气温为0摄氏度或低于0摄氏度时,河中的水凝结成冰,当气温急速回升时,冰突然融化,这时就会形成冰凌。在冬天下雪后房顶会有很多积雪,当雪融化时会顺着屋檐滴下,就会形成各种形态的冰凌。冬季山体的岩石上也会由于降水或降雪而挂上一层冰凌。在冬季,如有大量水喷洒在花草树木上,当气温较低时,就会形成冰玉树这种冰凌奇观。

3. 哪些地方可以看到冰凌景观?

冬季能够欣赏到冰凌景观的地点较多:
① 河床初冻或解冻的河口湿地可看到冰凌,如黄河壶口瀑布(图36)。

图36　黄河壶口瀑布冰凌

图片来源:中新网

② 低温雨雪天气时海拔较高的山体、气温低于0摄氏度时低山区域丹霞地貌的崖壁上有冰凌(图37)。

图37　崖壁上的冰凌

图片提供者:岳西县气象局

③ 大风降温降雪天气时,在海滨城市可以看到冰凌景观(图38)。

图38　山东威海海滨栏杆出现大量冰凌

图片来源:中新网

④ 在北方冬日,室内的暖气和外面的寒气碰撞而成的水蒸气凝结在玻璃窗上,可以观赏到形态各异的冰凌花(图39)。

图39　玻璃窗上的冰凌花竞相绽放

摄影:吴胡荼

4.美轮美奂的冰窗花是怎么形成的?

冰窗花是指冬季夜间,屋内水蒸气或小水珠遇到温度较低的玻璃窗,凝结而成的形态各异的冰。

在我国北方冬季里,由于气温较低,室内外温差较大,室内空气中的水蒸气接触到冰冷的玻璃窗,会在玻璃窗上结成冰晶,然后慢慢向四周扩大,形成千姿百态的冰窗花(图40)。

图40 北国精灵——冰窗花
摄影:吴伟东

日出、日落和霞光

1.观赏日出和日落的气象条件是什么?

日出和日落时,由于大气中尘埃等气溶胶粒子对太阳光的散射,天空中霞气弥漫,异常浪漫与美丽,令人心生向往。一般来说,在天气晴朗、云雾较少、能见度较高的气象条件下,容易观赏到日出和日落。

在天空无云或云覆盖天空30%以下,能见度大于或等于3000米,除了大气光学现象之外无其他大气现象发生的气象条件

下,此时云雾等其他气象因素遮蔽日出、日落的概率较低,较易观赏到日出红似火(图41)、日落霞满天的美景。

图41　福建霞浦县三沙镇花竹村日出
图片来源:"天气气候景观观赏地"征集活动

2. 为什么霞光多是橙色和红色的?

霞光是指日出或日落前后,太阳中心位置距离地平线的高度角为−12~12度时,大气中的悬浮颗粒物对太阳光线产生折射、散射和选择性吸收作用,使天空呈现色彩缤纷的现象(图42和图43)。

图42 黄山霞光

摄影：王新来

图43 安徽霍山佛子岭镇汪家冲村霞光

摄影：汪宝

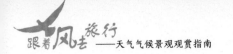

太阳光由紫外线、红外线和可见光组成。可见光分为红、橙、黄、绿、青、蓝、紫七种光,其波长由大到小。

霞光是由大气中悬浮颗粒物(如尘埃、冰晶、水滴等杂质)对阳光的折射、散射和选择性吸收而形成的,其中散射是霞光呈现红色、橙色的主要原因。这些悬浮颗粒物的半径远小于入射光波长,当阳光照射在这些颗粒物上,光波向各个方向产生瑞利散射(散射的一种情况,当粒子半径远小于入射光波长时,入射光碰到粒子后产生散射,其散射强度各方向不同,且散射强度与入射光波长的四次方成反比)时,波长越短,散射越强。阳光中的蓝、紫、青等波长较短的光被大量散射出去,而红、橙、黄等颜色的光因波长较长,穿过大气层时散射较弱,所以观看者看到的霞光大多呈红色、橙色。当空气中的尘埃、水汽等杂质越多时,霞光越鲜艳。

3. 观赏霞光需要具备什么气象条件?

观赏霞光需要具备两个气象条件:一是日出日落前后,二是天空中要有尘埃和水汽。

4. 如何观赏日出、日落?

观赏日出、日落,要提前关注天气情况。观赏日出、日落的时间不同地点差异很大,应关注天气预报,提前做好规划。观看者应提前寻找合适的观赏位置,最好在观赏日出、日落前提前踩好点,寻找最佳的观赏位置,因为日出、日落的时间是很短的,前后也就半小时。另外,在高山山顶或海边观赏日出、日落时,还要注意保暖、防晒,带上充足的食物和水,注意安全。

5. 为什么人们喜欢在山顶看日出？

日出代表着希望,山顶海拔高,视野开阔清晰,人们站在山顶时的视角会比在山下大很多,可以欣赏到更为广阔的美景。另外,日出时太阳光因受到大气层中灰尘的影响而产生瑞利散射,所以这时的天空会弥漫着霞气,同时由于日出时大气层中的灰尘较少,日出的霞气较日落的淡雅。

6. "朝霞不出门,晚霞行千里"的背后有什么秘密？

俗话说:"朝霞不出门,晚霞行千里。"朝霞预示着雨天,这是因为早晨大气中的尘埃相对较少,此时大气低层水汽丰富,随着白天气温升高,有利于空气对流上升,出现降雨的概率增大。

灿烂无比的晚霞为什么预示着第二天是晴天呢？一方面,由于傍晚气温逐渐降低,空气对流变弱,尘埃容易在大气中聚集,出现晚霞,同时由于空气对流减弱,降雨的概率就变得非常小了;另一方面,天气系统自西向东移动,晚霞的出现表明西边已是多云或少云天气,未来本地和东部地区也将转为晴天。

谚语"朝霞不出门,晚霞行千里"虽有一定的科学道理,但影响天气的因素非常多。当今天气预报技术已得到极大提高,日常生活中还是要以气象局发布的天气预报为准。

7. 我国有哪些著名的日出、日落观赏地？

一般山岳与滨水畔均是日出、日落的最佳观赏地。我国著名的日出、日落观赏地具体如下:

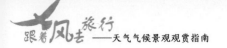

（1）安徽黄山

光明顶炼丹峰方向是观赏日出的绝佳地点,而群峰顶与飞来石处更适合观赏日落,运气好的话,还可以看到云海升、日将落的胜景(图44和图45)。

图44　黄山日出

摄影:许义伍

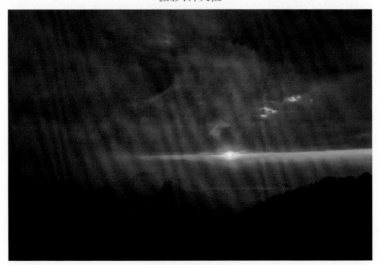

图45　黄山日落

摄影:刘安平

（2）山东泰山

看日出的最佳位置是日观峰,看日落的最佳位置是玉皇顶。

（3）江西武功山

武功山主峰金顶视野开阔,是看日落、日出的好去处之一。观看者还能看到连绵不绝的高山草甸和云海。

（4）舟山普陀山

佛顶山、千步沙、百步沙都是普陀山上看日出、日落比较不错的地方。另外,"磐陀夕照"就是著名的普陀十二景之一。

（5）福建霞浦

北岐滩涂日出是霞浦具有代表性的日出观赏地,最美的日落观赏地为东壁(图46)。

图46　福建霞浦县三沙镇东壁村日落

图片来源:"天气气候景观观赏地"征集活动

（6）敦煌鸣沙山

鸣沙山月牙泉地处沙漠边缘,是沙漠奇观中最不能错过的看日出与日落之地。

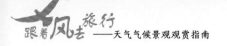

（7）青海黑马河

黑马河是青海湖环湖西路的起点,是观看青海湖日出的最佳地点。

（8）内蒙古居延海

秀美的居延海,"落霞与孤鹜齐飞,秋水共长天一色。"日出、日落在这里形成一幅天然画卷。

（9）北海涠洲岛

涠洲岛是中国最大的火山岛,五彩滩日出、滴水丹屏日落均十分壮美。

（10）烟台长岛

蓬莱阁是中国十大观日处之一,"日出扶桑"为蓬莱十景之一,蓬莱阁往日楼是观赏海上日出、日落的最佳地点。

（11）四川泸沽湖

泸沽湖观日出的推荐地点为里格半岛,观日落的推荐地点为女神湾、洛洼码头。

（12）青海青海湖

青海湖观日出的推荐地点为环湖西路,观日落的推荐地点为环湖东路。

（13）江西庐山

庐山含鄱口和五老峰是观赏日出较好的地点,较好的日落观赏地点为仙人洞、大天池、龙首崖。

（14）陕西华山

俗话说:"游名山者必登华山,登华山者必观日。"华山观日出最好的地点是东峰朝阳峰,东峰旁边的观景台,视野开阔,也是观赏日出的好地点。观赏日落的推荐地点为西峰。

（15）广东南海岛

南海岛清晨红日跃海、朝霞尽染,傍晚落日熔金、千帆入港、美轮美奂(图47)。晏镜岭是一个天然观景台,在这里可以观赏日出和日落美景,拍摄灯塔与晚霞。

图47　广东茂名市南海岛海上云霞
图片来源:"天气气候景观观赏地"征集活动

佛　　光

1. 什么是佛光?

佛光又称"宝光",是一种奇异的大气光学现象,即气象学中的光环现象。在我国,早在公元63年,人们就发现了峨眉佛光,距今已有1900多年。国外也有类似的大气光学现象,称为"布罗肯现象",也称为"布罗肯虹""布罗肯幽灵"。这是因为在德国的布

罗肯山经常出现环形彩虹,光环中包括登山者的身影,所以称之为"布罗肯虹"或"布罗肯幽灵",也就是现在所说的佛光。

观看者在山顶看到山脊以下的雾气或云层中出现由外到内依次为红、橙、黄、绿、青、蓝、紫的彩虹色光环,光环中间浮现出观看者的身影,影随人动,形影不离,这就是佛光(图48)。

图48　黄山佛光

摄影:许义伍

2. 为什么佛光充满神秘色彩?

佛光这一自然现象在国内外经常出现,如我国的黄山、峨眉山、泰山、华山、三清山等。在国外,南非洲的潘巴马斯山、美国的亚利桑那州大峡谷、瑞士的北鲁根山、乌克兰的克里米亚半岛等地亦可观赏佛光这一奇观。佛光奇观是阳光、云海和地形等众多自然因素的结合,只有在极少数具备以上条件的地方才可以观赏到。因此,在很多观看者心中,佛光象征着吉祥如意,乃可遇不可求的神秘现象。云层上出现环状彩虹,这种现象在云层上方阳光下飞行的飞机上也是能观察到的。

3. 佛光的原理是什么?

佛光是一种特殊的自然现象,学者们关于其成因提出过不同的看法,其中云雾滴对入射阳光进行衍射和反射能较好地解释佛光现象。

当太阳高度角较小时,观看者站在山巅,太阳光从其身后射来,在山顶或山脊下方的雾气或云层表面投下了明显放大的阴影。由于雾气改变了人们对深度的感知,人们误认为相对较近的云雾上自己的影子和通过云层缝隙看到的远处物体与自己的距离相同,这使自己的影子看起来更加遥远。影子周围是阳光通过云雾滴缝隙产生的衍射光和前方云雾滴反射回来的彩虹色光环,即当观看者前方有云雾,太阳光从其身后射来,在穿过无数组前、后两个不同薄层的云雾滴时,前一个云雾滴层对入射阳光产生衍射分光作用,后一个云雾滴层对被分离出的彩色光产生反射作用,光线就会朝着太阳和观看者的方向折返回来。任意一个面对这些从各个方向汇聚而来的光线的人(如站在太阳和云雾之间的人),都可见到稍有不同的环形彩色光象。但每个人只能看到自己的影子,哪怕你在一群人中(除非人们在10度的偏转角内),这就是佛光。人们在佛光中看到的人影,就是自己的影子。

佛光的彩色光环直径一般约为2米,光环的半径与云雾滴的半径成反比,云雾滴越大,光环半径越小;云雾滴越小,光环半径越大。有时阳光强烈,云雾浓且弥漫较广时,则会在小佛光外面形成一个同心大半圆佛光,直径达20~80米,虽然色彩不明显,但

光环却十分明显。佛光中的人影,是太阳光照射人体在云层上的投影。若观看佛光的人举手、挥手,人影也会举手、挥手,此即"云成五彩奇光,人人影在中藏",神奇而瑰丽。佛光形成的原理如图49所示。

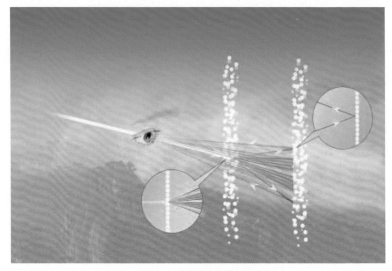

图49　佛光形成的原理

4. 形成佛光需要具备什么样的气象条件?

佛光的形成除了要有合适的地理位置外,气象条件也非常重要,一是天气晴朗,阳光必须能直接照射在观看者的背上,再投影到云雾上;二是观看者前方必须有许多大小均匀的云雾滴。

实际上,光照射到云雾的任何地方都可呈现出无数个彩色光环。但人眼要能看到佛光,观看者所处的位置必须介于太阳与云雾之间,阳光从观看者身后射来(观看者背朝太阳),观看者前面或下面一定要有云雾(人不可在雾中),观看者的影子投射到云雾上,使得太阳、观看者、云雾三者在一条直线上(图50),才有可能看见佛光。同时,佛光的出现大多伴随着云海,观看者在观赏佛光的同时也能一览云海之美。

图50　佛光形成的气象条件(太阳、观看者、云雾三者在一条直线上)

5. 怎样才能够观赏到佛光?

佛光的出现大多伴随着云海,如同全年均可观赏到云海一样,佛光在全年每个季节都有可能出现,但佛光的形成要求阳光处于低角度,所以相对来说,深秋和冬春季节的上午和傍晚,尤其是雨后天晴时更易观赏到佛光。

佛光一般出现在日出至9点及16点至黄昏之间,冬季观看时上午可持续到11点,下午可提前到1点。上午太阳从东方升起,佛光在西边出现;下午太阳移到西边,佛光在东边出现;中午,太阳垂直照射,则无佛光。当太阳、观看者、云雾在一条直线上时,才能看见佛光,因此有句谚语说:"朝看西,午看东。"

佛光出现的时间范围大致相同,但观赏佛光景象的时间长短不一,短者不到1秒,长者可持续数小时。佛光出现的时间长短,取决于阳光是否被云雾遮蔽和阳光的强弱。云雾的流动可促使佛光改变位置,当出现浮云蔽日或云雾流走的情况时,佛光即会消失。阳光变强、变弱也会使佛光变得可有可无。

6. 我国有哪些适宜观赏佛光的地点?

我国适宜观赏佛光的地点较多,如峨眉山、黄山、天柱山、九华山、泰山、庐山等地,都可以领略到佛光的风采。

(1)峨眉山

佛光在峨眉山金顶较为常见,由于峨眉山的气象条件很容易产生佛光,因此有"峨眉光"之称,是一个得天独厚的观赏场所。据统计,平均5天左右就有可能出现1次便于观赏佛光的天气条件,其时间一般在午后3点至4点之间。

(2)黄山

安徽黄山一年四季都有可能出现佛光,冬季佛光出现的次数最多,秋季次之,春夏季最少。在初春3月,雨水开始增多,山中多云雾,此时也易观赏到佛光。黄山观赏佛光的理想位置有50处以上,相对集中在莲花峰、天都峰、光明顶三大高峰,广泛分布于玉屏峰、鳌鱼峰、炼丹峰、飞来石、群峰顶、清凉台、始信峰、天海凤凰松、芙蓉峰、翠微峰等景点。

(3)天柱山

天柱山海拔1400米左右的天池峰、试心崖等地均可以观赏到佛光。

(4)九华山

九华山最高峰十王峰、花台景区大花台处可以观赏到佛光。

(5)泰山

泰山佛光多半出现在岱顶瞻鲁台、碧霞祠至南天门这一狭长地带,多出现在6~8月半晴半雾的天气。

（6）庐山

庐山仙人洞、观云亭等地均可观赏到佛光。

虹 和 霓

1. 什么是虹？什么是霓？

（1）虹

彩虹简称虹,是一种光学现象。当太阳光照射到天空中无数的水滴时,光线被折射及反射,各种颜色的光发生色散,形成一条七彩的桥状光带。

当空气中存在大量水滴时,由于表面张力作用,水滴接近一个个小球体。当太阳光照射到这些水滴时,光线发生折射、反射、折射,这种情况下便形成了人们常见的彩虹(主虹)。

由于水滴对不同波长的光的折射率不同,波长越长,折射率越小。太阳光由从红到紫不同波长(波长由大到小)的七色光组成,红色光波长最长,紫色光波长最短;红色光经过水滴折射时折射率最小,紫色光经过水滴折射时折射率最大,太阳光经过水滴二次折射后产生了明显的分光。一般来说,紫光到红光出射光的角度为40~42度,因此观看者看到的彩虹由外弧至内弧的颜色排序是红、橙、黄、绿、青、蓝、紫。

（2）霓

很多时候,天空中会有两条七彩光环同时出现,在明亮的彩虹外边出现一个同心圆弧状的较暗的副虹,又称霓。

霓的颜色排列次序跟主虹是相反的,因此观看者看到的霓由外弧至内弧的颜色排序是紫、蓝、青、绿、黄、橙、红。一般来说,红光到紫光出射光的角度为50~53度。

虹和霓如图51和图52所示,虹和霓的形成如图53所示。

图51　虹和霓①(内环为虹,外环为霓)

摄影:刘月成

图52　虹和霓②(内环为虹,外环为霓)

摄影:王新来

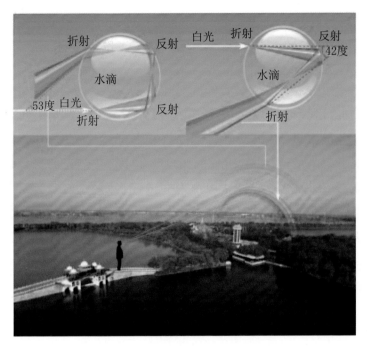

图53　虹与霓的形成(上左:霓,上右:虹)

2. 彩虹形成的气象条件是什么?

彩虹形成时需要四个气象条件:一是雨后天晴或湿度大的山间,天空中悬浮着无数的水滴;二是太阳光与水平方向的夹角足够小(小于42度);三是太阳、观看者、水滴三点一线,且观看者在中间;四是空气足够洁净。

3. 为什么会出现双彩虹?

若光线在水滴内进行了两次反射,便会产生第二道彩虹(副虹),也就是霓。当太阳光照射到这些水滴时,光线发生折射、反

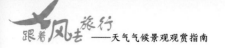

射、反射、折射,便形成了霓。

4. 如何观赏彩虹?

人们观察到的虹和霓通常呈圆弧状。太阳光中不同波长的光经过水滴折射、反射、折射后,发生折射的角度不同,阳光中水平射入的红色光,折射的角度是42度,紫色光的折射角度是40度,每种颜色在天空中出现的位置不同,也就是太阳光经过雨滴后出现分光,变成彩虹。若太阳光与地面平行,在观看者头部影子与眼睛连成的直线上40~42度张角的位置,都可看到外红内紫的彩色光带,所以彩虹分布在张角为40~42度的圆弧上。

5. 哪些地方经常出现彩虹?

一般来说,在夏季雨后天晴的天空或是湿度较大的山林瀑布边,较容易出现彩虹。

在安徽省安庆市岳西县黄尾镇境内,观看者可以欣赏到美丽的彩虹——大别山彩虹瀑布(图54)。相传牛郎在大别山中的牛草山放牛时,就在猴河峡谷中巧遇织女,并成就了一段令人嗟叹的神话传说,他们一年一度相会的彩虹也成为人们心中无限美好的向往。

2019年12月,中国气象局公共气象服务中心命名新疆昭苏县为"中国彩虹之都",昭苏县成为全国唯一获此荣誉的县。

夏季的昭苏大草原,天气总是变幻莫测,冷暖气流交汇,一会阵雨来袭,一会艳阳高照,正因如此大家才有机会邂逅久违的彩虹。在昭苏大草原上,还可以看到双彩虹的奇特景象:当一阵疾风骤雨过后,两道彩虹跃然腾现在草原之上,从地平线上伸到天上的乌云里,像两座通往天堂的彩桥,挂在被雨水洗刷过的碧空中,越发光彩夺目。

图54　大别山彩虹瀑布

摄影:郑钰理

昭苏县位于新疆伊犁哈萨克自治州西南部的天山腹地,属高山半湿润性草原气候,昭苏县三面环山,东面为狭长的谷地,西面为开阔的盆地,夏季气候多变,阵雨频繁,降水量可达512毫米,有形成彩虹的独特自然条件。据气象部门统计,新疆昭苏县每年5~8月,出现彩虹的景象多达160次,而且经常出现双彩虹,三道彩虹也时有发生(图55)。

图55　新疆昭苏县彩虹

图片来源:《中国气象报》

6. 还有哪些特殊的彩虹?

（1）环形彩虹

大多数彩虹都是一个完美的圆环,但是我们很难看到一个完整的圆环,因为总有一半被地面遮挡,所以我们看到的彩虹大多都是一个半弧。法国科学家笛卡尔根据光线折射的原理解释了彩虹的形成过程,指出了彩虹通常出现在人的视角与阳光夹角42度的地方,所以人们通常看不到地平线以下的那部分彩虹。但是,随着飞机以及航拍技术的出现,人们现在可以从空中看到一个完美、壮观的环形彩虹（图56和图57）。当然,如果没有飞机,站在视野开阔的高山之巅也可实现这一目标。

图56　环形彩虹①

图片来源:搜狐网

图57　环形彩虹②

图片来源:"无锡发布"微博账号

（2）月虹

月虹是由月光形成的彩虹,它的形成原理和由太阳光形成的彩虹相同,当月亮处于满月的时候才可以看见理想的月虹。由于月虹形成的必要条件较多,而且很苛刻,因此月虹相对于日虹来说较为罕见。月虹形成的条件如下:第一,月亮在天空中的位置要低于42度角;第二,夜空背景必须非常黑暗;第三,在月亮出现的另一侧要降雨。在瀑布附近,月虹(图58)也比较容易出现。

图58　月虹
图片来源:搜狐网

月虹可由一场短暂的暴风雨造成,如果反射的光线足够亮,并且大气中有足够多的水分,那么月亮就会产生彩虹。当月光和水分充足时,也会出现双月虹。

（3）雾虹

雾虹(图59)比彩虹要少见得多,因为它的形成条件要苛刻得多。第一,光源必须位于观看者身后,而且要低于地面;第二,观看者身后所有空间中的雾都必须非常稀薄,以至于阳光可以穿透雾层照射到观看者前方。许多雾虹的颜色要比彩虹苍白得多,甚至有些雾虹基本上都是白色的,这是因为形成雾虹的水滴非常细小。

图59 雾虹

图片来源:搜狐网

晕 和 华

1. 什么是日晕、月晕？

晕是指日月光线通过卷层云时发生折射或反射而形成的光学现象。在太阳或月亮周围会出现以太阳或月亮为中心的光环，有时还会出现彩色或白色的光斑和光弧，这些光环、光斑和光弧统称为晕。

有卷积云时，天空中会飘浮着无数冰晶，在太阳周围同一圈上的冰晶能将同一种颜色的光折射到我们的眼睛里形成内红外紫的晕环。通常情况下，受太阳或月亮亮度的干扰，晕环内呈浅黄褐色，外泛白色。

日晕(图60和图61)指太阳外面的晕。

图60　歙县徽州古城日晕

图片提供者:仰时威

图61　合肥日晕

摄影:杨彬

月晕指月亮外面的晕。

2021年1月26日晚,内蒙古自治区呼伦贝尔市博克图镇出现月晕(图62)奇观,举目望去,空中彩色圆环完整清晰、美轮美奂。

2. 什么是日华、月华?

日光或月光透过高积云或高层云的时候会产生外红内蓝的光环,这个光环叫作华。

日华(图63)指太阳外面的华。

月华(图64)指月亮外面的华。

图62　月晕

图片来源:"中国天气"微博账号

图63　日华

摄影:王新来

图64　月华

摄影：姚镇海

雨　　景

1. 什么是烟雨？

烟雨(图65)是指像烟雾那样的细雨,尤其在江南山水的掩映下,如诗如梦。唐代杜牧在《江南春绝句》中写道:"南朝四百八十寺,多少楼台烟雨中。"

图65　烟雨

摄影：许义伍

雨的表现形态各具特色，既有毛毛细雨、连绵不断的阴雨，也有倾盆而下的阵雨。不同形态的雨，雨滴大小不同。秋冬和春季在水汽接近饱和、大气层结稳定的情况下，如果接近地面的空气冷却达到饱和，空气中的水汽凝结成细小的雾滴，雾滴半径则比雨滴小，悬浮于大气边界层内。一般情况下，雾滴密度较大，所以出现雾时能见度较低。雨滴的直径虽远大于雾滴，但雨滴密度小得多，所以下雨的时候能见度要高于雾天。当雨滴密度较大的毛毛细雨出现时，有时还伴有蒸发雾，雨中含雾，雾中含雨，便可称为烟雨，其能见度一般介于雨和雾之间，所以能营造出空蒙的意境。

2. 烟雨形成的气象条件是什么？

烟雨一般来自层状云降水，并在近地面伴有雾。烟雨出现前,大气中低层常有暖湿空气输送,相对湿度加大,气温上升。当有弱冷空气侵入近地面时,大气中低层暖,近地面冷,气温垂直分布呈现逆温结构,这种结构的大气非常稳定。当大气中层湿度增大后,如果有天气系统(如锋面、低压倒槽等)抵达,那么在天气系统的抬升作用下将产生弱降水。如果近地面湿度大(或弱降水过程中雨水蒸发,加大了近地面的相对湿度),那么在弱冷空气侵入后,近地面水汽凝结为雾滴,会出现雨雾共存的现象。在大气稳定、风力较弱的情况下,雨雾共存,会形成烟雨朦胧的景象(图66)。

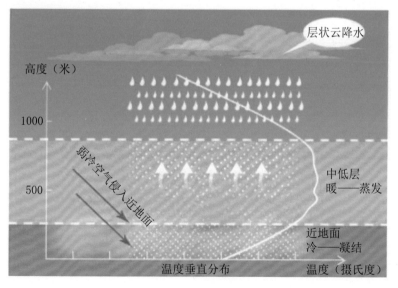

图66 烟雨的形成

弱冷空气的侵入、稳定的大气层结、风速较小以及弱降水是烟雨形成的气象条件。

3. 烟雨多出现在什么时间?

烟雨多出现在深秋和冬春季节,尤其是春季。春季是安徽观赏烟雨的好时节。江南烟雨如图67所示。

图67　江南烟雨
摄影:许义伍

4. "江南烟雨"是一种什么样的意境?

狭义上的江南多指上海、苏南、浙北、皖南,江南烟雨是指在特定时节,江南地区淡淡的雾气伴随着丝丝细雨升起,形成的如梦似幻的景象。

皖南青山领着碧水转,碧水绕着青山流,绿意氤氲,山水灵秀,溪流纵横,绿水青山间,村舍点点,徽派建筑,飞檐翘角,粉墙黛瓦,不经意间就显露出了疏树寒村的水墨本色。江南不仅春季雨水充沛,多烟雨天气,更有水墨山水之美,特别是皖南古徽州,更是欣赏烟雨的绝佳地点。明代戏剧家汤显祖曾留下千古绝唱:"一生痴绝处,无梦到徽州。"由此可见,古徽州的烟雨景致闻名遐迩,令人向往。

歌咏江南的大量文学作品构筑了中国人想象中的江南,有白居易的《江南好》、杜牧的《江南春》、戴望舒的《苏溪亭》、苏轼的《望江南·超然台作》等。

《江南好》
唐/白居易

江南好,风景旧曾谙。
日出江花红胜火,春来江水绿如蓝。
能不忆江南?

《江南春》
唐/杜牧

千里莺啼绿映红,水村山郭酒旗风。
南朝四百八十寺,多少楼台烟雨中。

《苏溪亭》
唐/戴叔伦

苏溪亭上草漫漫,谁倚东风十二阑。
燕子不归春事晚,一汀烟雨杏花寒。

《望江南·超然台作》
宋/苏轼

春未老,风细柳斜斜。
试上超然台上望,半壕春水一城花。

烟雨暗千家。

寒食后,酒醒却咨嗟。

休对故人思故国,且将新火试新茶。

诗酒趁年华。

5. 什么是太阳雨？太阳雨是怎么产生的？

太阳雨是指在晴天或阳光普照时下雨的一种天气现象。

有的太阳雨是因为远方的乌云产生雨,被强风吹到另一地落下。有的是因为高空中两块带有不同电荷的云在太阳风的作用下相互碰撞,造成局部地区空中水汽含量过大,且太阳辐射使水汽蒸发得较快而形成的。有的是因为天气突然转变,开始降雨,从高空降下的雨还没落地,云就已经消失了,所以天气看起来虽然晴朗,但却在下雨。

还有一种情况,在南方的夏天,晴空万里,对于突然下起来的暴雨也许会形成太阳雨,即在太阳还没有完全被乌云遮住,而一股冷气流已经到来的情况下,就会形成太阳雨。

"风"景

1. 什么是"风"景？

常规意义上说,风景指的是供观赏的自然风光、景物,包括自然景观和人文景观。这里参照中国气象服务协会团体标准《气象旅游资源分类及编码》(T/CMSA 0001—2016),"风"景包括松涛、山谷风、清风等,属于天气景观资源。

2. 在哪里可以听到松涛?

松涛是风吹松林,松枝互相碰击发出的如波涛般的声音。如黄山松涛、庐山松涛。

元代赵孟頫有诗《宿五华山怀德清别业》:"一夜松涛枕上鸣,五华山馆梦频惊。"明代唐顺之有诗《苍翠亭》:"风来松涛生,风去松涛罢。"清代佟国鼐有词《望江南·宿宣和古庙即事》:"百尺松涛吹晚浪,几枝樟荫掛秋风。"杨朔在《泰山极顶》中说道:"坐在路旁的对松亭里,看看山色,听听流水和松涛。"

3. "魔鬼城"有什么不一样的"风"景?

乌尔禾风城又称"魔鬼城",是可远观而不可亵玩的地方。远观之,你会赞叹它的壮观、雄伟,感叹大自然的鬼斧神工,深入风城之中,你会感受到它非凡的恐怖。其四周被众多奇形怪状的土丘包围,高的有四层楼高,土丘侧壁陡立,从侧壁断面上可以清楚地看出沉积的原理,脚下全都是干裂的黄土,黄土上面寸草不生,四周一片死寂,如果只身一人来到这里,那么都不敢相信眼前看到的一切都是真的。即使在不刮大风的夜里,也会让人因为害怕而战栗。

山丘被风吹成了各式各样的"建筑物",有的像杭州钱塘江畔的六和塔,有的像北京的天坛,有的像埃及的金字塔,有的像柬埔寨的吴哥窟。由于这里景致独特,许多电影都把"魔鬼城"(图68)当作拍摄外景地,如奥斯卡大奖影片《卧虎藏龙》。

图68 "魔鬼城"

摄影:周瑞雪

　　"魔鬼城"位于准噶尔盆地西北边缘的佳木河下游,由风蚀作用形成,是典型的雅丹地貌,被《中国国家地理》评为中国最美雅丹地貌。这片土地原本是戈壁台地,是西北荒漠上一片最普通的土地,由于地处风口,一年四季的狂风不断侵蚀这片土地,形成了众多奇形怪状的风塑作品。土层出现血红、蓝白、黄等丰富的色彩层次,形态各异的风蚀雕塑呈现各种样貌。有的是宫殿建筑,有的是动物花木,惟妙惟肖,瑰丽壮阔。原本乏味的戈壁滩形成了沙漠城堡,在自然力量的作用下雕琢出了一个个惊世骇俗的戈壁雕塑作品,"魔鬼城"的壮观令人赞叹。

典型的气候景观

物 候 景 观

1. 什么是物候景观?

在《气象旅游资源分类与编码》(T/CMSA 0001—2016)中,物候属于气候景观的一个子类。动植物适应气候条件的周期性变化,形成与此相适应的生长发育规律,其构造出的景观称为物候景观。

广义的物候概念不仅指动植物的生长、发育、活动规律,还指非生物的变化对节候的反应,如各种水文、气象现象。

2. 身边常见的物候景观有哪些?

① 植物物候又称作物物候,如各种植物发芽、展叶、开花、叶变色、落叶等现象。

② 动物物候指动物的蛰眠、复苏、始鸣、繁育、迁徙等现象,是气象旅游资源中物候资源的一类。

3. 有哪些典型的物候景观？

（1）花

花是植物生长发育中的重要一环，伴随着花朵绽放，人们可以观赏到五彩缤纷的花朵，嗅到沁人心脾的芳香，收获一场视觉、嗅觉的双重盛宴。关于花的诗句如下：

正月山茶满盆开，
二月迎春初开放。
三月桃花红十里，
四月牡丹国色香。
五月石榴红似火，
六月荷花满池塘。
七月茉莉花如雪，
八月桂花满枝香。
九月菊花姿百态，
十月芙蓉正上妆。
冬月水仙案头供，
腊月寒梅斗冰霜。

（2）红叶、黄叶

从每年9月下旬开始到10月上旬，乃至整个11月，华夏大地被五颜六色填满。"枫林似火，红叶如霞"是秋天的专属信号，当那红色如炽热的火焰般燃遍祖国大地时，就再也没有一种色彩比那耀眼的红色更适合用来形容秋天。

常见的红叶主要有：① 黄栌，落叶小乔木，木质黄色，单叶互生，叶倒卵形或卵圆形，是中国重要的观赏树种。② 枫香树，我国著名的秋景树，原产于中国南方，但枫香树不是枫树，从专业角度来看，真正的枫树是槭树。③ 红枫，与枫香树相比，红枫的叶红素含量比较多,叶落时间较长。④乌桕,大戟科乌桕属木本植物,是原产于中国中南部的特有经济树种。

(3) 鸟类迁徙

鸟类迁徙是鸟类遵循大自然环境的一种生存本能反应。观鸟是在不影响野生鸟类正常生活的前提下观察鸟类的一种科学性的户外活动。鸟类活泼好动、形态各异,通过参与观鸟活动,可以进一步亲近自然,放松身心。人们可以从观鸟开始,培养自然环保的生态理念。在不影响自然环境的前提下,观鸟是一项很有意义的活动。

4. 二十四节气中的物候现象有哪些?

二十四节气为立春、雨水、惊蛰、春分、清明、谷雨、立夏、小满、芒种、夏至、小暑、大暑、立秋、处暑、白露、秋分、寒露、霜降、立冬、小雪、大雪、冬至、小寒、大寒。

惊蛰、清明反映的是自然物候现象,尤其是惊蛰,它用天上的初雷和地下蛰虫的复苏来预示春天的回归。从广义的物候概念来看,反映气温变化的节气(如小暑、大暑、处暑、小寒、大寒)和反映降水现象的节气(如雨水、谷雨、小雪、大雪、白露、寒露、霜降)也属于物候现象。

5. 花期受哪些气象条件的影响?

“迟日江山丽,春风花草香。”花知节令,当令而开。春天的到来、花朵的开放其实都离不开温度的作用。这里要提到一个概念——积温。积温是指某一段时间内逐日平均气温大于或等于10摄氏度时日平均气温的总和。在农业气象预报、情报服务中,

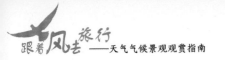

人们根据作物各发育时期的积温指标,预报作物的发育时期。正是因为山上、山下积温的差异,才有了"人间四月芳菲尽,山寺桃花始盛开"的景象。

除了积温,光周期(即一天之中白天和黑夜的相对长度)也是影响植物开花的重要因素之一。植物在生长发育的过程中,须经过一定时间的适宜光周期后才能开花,这种昼夜长短影响植物开花的现象叫作光周期现象。

6. 花期预报是怎样做出来的?

为了获得相对准确的花期预报,需要大量的物候资料、气象观测资料,在统计分析的基础上,选取、设计预报指标,针对植物品种建立科学的数据模型,再结合气象预报资料进行运算。现实生活中,人们都希望提前了解准确的花期,掌握最佳的赏花时段。因此,花期需要根据未来10天甚至更长时间的气温、日照时长等数据进行预报,而这么长时间的预报是存在不确定性的。物候观测资料稀缺是制约花期预报的另一个难题,如温度(积温、界限温度等)指标,一般需根据长期的物候观测数据、气象观测数据才能得到,且不同植物或同一植物的不同品种都是有差异的。因此,花期预报绝非易事。

7. 影响树叶变色的主要因素是什么?

夏日里,叶片中的叶绿素含量高,所以鲜亮的绿色盖过了黄色。其实叶子中除了叶绿素外,还有叶黄素、胡萝卜素等其他色素。秋季来临,随着气温下降和白昼时间变短,叶绿素被大量分解,叶黄素和胡萝卜素所占的比例慢慢升高,这是叶子变黄的主要原因。有些叶子在绿色褪掉后,产生了大量的红色花青素,叶子就变成了红色。

8. 什么时间可以观赏到红叶、黄叶?

大幅度降温在让叶子变红、变黄的同时,也让叶片变得脆弱,风一吹就落了,因此我们需要把握最佳的观赏时间。

我国地域辽阔,南北气候差异明显,入秋时间不尽相同,植物叶片变色的时间、速度各不相同。不同地区观赏红叶的时间见表5。

表5　不同地区观赏红叶的时间

地区	所处纬度	观赏时间
内蒙古额济纳旗胡杨林	北纬42度	9月下旬至10月中旬
北京香山	北纬40度	10月中旬至11月上旬
陕西商南金丝峡	北纬33度	10月中旬至11月底
湖北神农架	北纬32度	10月下旬至11月上旬
安徽宁国落羽杉湿地	北纬30度	11月上旬至12月中旬
安徽黟县塔川	北纬30度	10月下旬至11月下旬
福建武夷山	北纬28度	11月下旬至12月上旬

内蒙古额济纳旗胡杨林(图69)是世界三大胡杨林区之一。秋季,胡杨金黄,层林尽染,如诗如画。胡杨林的主要观赏价值是其叶片的多样性以及叶片颜色的渐变性。自出现轻霜冻开始,胡杨林叶片的颜色由浓绿变为浅黄,继而变为杏黄。当出现霜冻时,胡杨林叶片的颜色变为金黄,这是其观赏价值最高的时期。当日最低气温小于或等于−2摄氏度时,胡杨林叶片变成金红,最后变为一片褐红,同时伴随着落叶,且叶片会在很短的时间内落完。

图69　内蒙古额济纳旗胡杨林
图片来源:"天气气候景观观赏地"征集活动

　　陕西商南县金丝峡景区位于秦岭南麓,景区森林资源丰富多样,属南北植物交汇区。每年10月中旬至11月底,是观赏金丝峡红叶(图70)的最佳时期。除了黄栌、乌桕、红叶李、枫树等常见的叶片变红树种外,还有金灿灿的银杏、红黄相间的火炬树、深棕色的银红槭、深红色的黄连木等,共有200余种植物的树叶会在秋天"变妆"。在云雾缭绕的仙气中,泉瀑争鸣,色彩斑斓,漫山红叶飘洒于蓝天之上、冲浪于飞瀑之中,红、黄、棕、绿叠翠流金,炫丽无比。

　　安徽黟县塔川秋色(图71)是指在森林的簇拥下,枫香树、乌桕林自然分布在低坡、山脚处,与徽风村落、乡间农田自然融合而成的绚烂壮丽的秋天特色景观。满山树叶色彩斑斓,粉墙黛瓦掩映其中,美不胜收。

图70 陕西商南县金丝峡红叶

图片来源:"天气气候景观观赏地"征集活动

图71 安徽黟县塔川秋色

图片来源:"天气气候景观观赏地"征集活动

安徽宁国落羽杉湿地(图72)位于"皖南川藏"线上的青龙湾水库腹地,沿着浅浅的湾流,红杉林密集整齐地生在水中,与绿波涟漪的水面交相辉映,美不胜收。受气候影响,每年10月中下旬,随着气温降低,红杉林逐渐变换颜色,浅黄、金黄、浅红、深红,各种色彩相互交织,倒映在清澈明净的水面上,宛如北疆的喀纳斯风光。每年11月到12月中旬为最佳观赏期,此时水中的落羽杉红艳似火,与蓝天、碧水、青山相映,构成一幅优美的画卷。

图72 安徽宁国落羽杉湿地红叶
图片来源:"天气气候景观观赏地"征集活动

9. 红叶观赏期预报是怎么做出来的?

红叶观赏期预报通常包括以下内容:哪个时间段、哪个地方的红叶比较好。需综合能见度、空气质量、降水等天气指征,来判断当天观赏红叶是否适宜。

红叶观赏期预报的关键是建立红叶观赏期与气象要素的关系模型。以枫叶为例,影响枫叶变红的主要因素是气象因子和植物自身生长激素的含量,气象因子包括前期光照、气温和夏季降水等,其中最关键的气象因子是枫叶变红前10天的平均气温、最低气温和气温日变化幅度。我们需建立变色日的气象统计预测模型,并综合考虑枫叶变色和天气观赏适宜度两个方面的影响,得出枫叶变红气象指数,分级表征枫叶变红的观赏适宜度。

雪山和冰川

1. 什么是雪山、冰川、冰山?

雪山是海拔较高、常年寒冷、顶部终年积雪的山体。

冰川是极地或高山等气候常年寒冷地区地表上多年存在并具有沿地面运动状态的天然冰体。

冰山是冰川或极地冰盖临海一端破裂落入海中漂浮的大块淡水冰。

2. 雪山是怎么形成的?

地球表面有个规律,随着海拔上升,空气越来越稀薄,空气流动更剧烈,温度也更低,一般每上升1000米,温度就下降6摄氏度。如果一座山海拔很高,如6000米,那么它的温度要比海平面低36摄氏度左右,往往在零下。

由于地形的关系,水汽会受到地形阻拦,变成降水,如果气温低,那么可能会变成雪。当雪降到山上的时候,低温状态下雪常年不化,就形成了雪山。

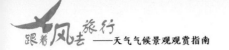
3. 什么是雪线?

由气候和地形相互作用形成的大气固态降水量等于消融量的平衡线。

4. 雪线的高度有规律可循吗?

气温越高,雪线越高。气温由赤道向两极降低,雪线的高度从赤道向两极减低。

降水量越多,形成雪的物质来源越丰富,雪线越低。雪线位置最高的纬度在副热带高压带而不是在赤道附近,这是因为副热带高压带的降水量比赤道附近少。

陡坡上的固体降水(如雪、雹、霰等)不易积存,雪线较高;缓坡或平坦地区的降雪容易积聚,雪线较低。

在北半球,南坡和西坡日照较强,冰雪耗损较大,雪线较高;有些高大的山地阻挡气流,既影响降水,也影响雪线的高度。如喜马拉雅山南坡是迎风坡,降水量丰沛,降水量对雪线高度的影响程度超过气温。虽然南坡纬度比北坡低,气温比北坡高,但雪线仍比北坡低。

5. 冰川是怎样形成的?

冰川是一个巨大的流动固体,是在高寒地区由雪再次结晶聚积而成的巨大的冰川冰,因重力使冰川冰流动,从而成为冰川。

6. 冰川对地理环境有哪些影响？

冰川的作用包括侵蚀、搬运、堆积等，这些作用塑造了许多地形。要形成冰川首先要有一定数量的固态降水，其中包括雪、雾、霰等。

7. 我国的雪山分布在哪里？

梅里雪山又称雪山太子，被当地藏民视为"神山"，位于德钦县东北部10千米处，是滇藏界山。平均海拔在6000米以上的有13座山峰，称为"太子十三峰"，主峰卡瓦格博峰海拔高达6740米，是云南第一高峰。梅里雪山干湿季节分明，且山体高峻，形成了迥然不同的垂直气候带。白雪中群峰峭拔，云蒸霞蔚；山谷中冰川延伸数千米，蔚为壮观。而雪线以下，冰川两侧的山坡上覆盖着茂密的高山灌木和针叶林，郁郁葱葱，与白雪相映出鲜明的色彩。

冈仁波齐峰坐落在西藏阿里普兰县境内，是冈底斯山的主峰，峰顶终年冰雪覆盖，其形状奇特而壮美，峰形似金字塔，山尖如刺，直插云天，四壁十分对称，与周围的山峰迥然不同。冈仁波齐峰经常白云缭绕，当地人认为如果能看到其峰顶是件很有福气的事情。

南迦巴瓦峰是西藏林芝地区最高的山，其藏语意为"直刺蓝天的战矛"。南迦巴瓦峰终年积雪，云雾缭绕，从不轻易露出真面目，所以它也被称为"羞女峰"。

贡嘎山景区位于甘孜藏族自治州泸定、康定、九龙三县境内，以贡嘎山为中心，由海螺沟、木格措、伍须海、贡嘎南坡等景区组

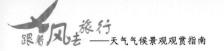

成。贡嘎山主峰有"蜀山之王"的美誉,其周围林立着145座海拔五六千米的冰峰,形成了群峰簇拥、雪山相接的宏伟景象。

喀拉峻位于新疆西北部特克斯县的南部天山中,山势壮观,层峦叠嶂,雪岭连绵,沟壑纵横,草原辽阔。由草原、森林、河流、峡谷、雪山组合成一幅大气磅礴的天然画卷。具体如图73所示。

图73　新疆特克斯喀拉峻雪山

8. 气候变暖对雪山和冰川有什么影响?

天气气候景观的形成依赖于独特的气候环境,而随着人类活动的增加和气候变暖,越来越多的景观在被世人关注之前就已经慢慢走向消亡。世界气象组织发布的《2022年全球气候状况》指出,2015—2022年成为有气象记录以来最热的8年,冰川融化和海平面上升在2022年再次达到创纪录的水平,并且这一趋势还将持续。

雪山的雪水是支撑人类生存的重要条件,如果继续受到影响,不仅会导致越来越多的天气气候景观消失,人类的生存条件也会受到严重影响。风云变幻的奇妙景观是良好生态环境的缩影,作为自然生态系统中不可或缺的组成部分,天气气候景观资源的保护与维持需要全社会的长久努力。

奇特的天气气候景观

1. 有哪些奇特的冰雪景观？

(1) 冰泡

冰泡即冰冻气泡，是被"封印"在冰层中形成绝美景观的一种气体。冰泡是一种特殊的自然物理现象，通常只会出现在寒冷地区。它的产生是由于微生物降解、气压等导致水中常会产生一些气泡，在气温急剧下降的过程中水温骤降，气泡在还没到达水面之前，湖水凝固成冰，水泡也被凝固在其中，形成了独特的冰泡奇观。黑龙江漠河市莲花湖冰泡如图74所示。

(2) "冰汤圆"

冰封的湖面之下，密密麻麻地凝结了一颗颗冰球，看上去就像锅里下的汤圆，这种景象被形象地称为"冰汤圆"，是一种比较罕见的自然现象。

2022年2月，洮南市四海湖就出现了这样一幕奇观，成千上万颗"冰汤圆"(图75)凝结在四海湖中，景观奇妙，巧夺天工，成为了当年正月十五元宵节前最火的游客打卡地。

(3) "冰蝴蝶"

在山间的枯草或灌木丛中会结出如同"蝴蝶"一样的纤薄冰片，很像蝴蝶在其中翩翩起舞，因此被称为"冰蝴蝶"。

2020年12月,在山西临汾,一大片"冰蝴蝶"(图76)翩然而至,晶莹剔透,形态各异。

图74　黑龙江漠河市莲花湖冰泡

图片来源:"天气气候景观观赏地"征集活动

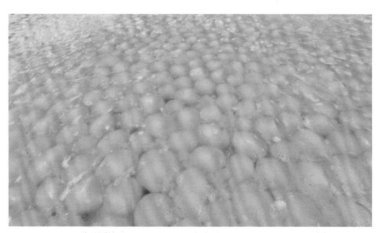

图75　"冰汤圆"

图片来源:新华社

图76　"冰蝴蝶"

图片来源:央视新闻客户端

（4）冰盘

冰盘又称"冰圈",是极寒地区的冰冷河面上出现的一种正圆形冰块,会随着水流缓慢旋转,是一种罕见的自然现象。

2021年3月,大兴安岭加格达奇的甘河水面出现了一个罕见的旋转冰盘,直径约2米,整个冰盘(图77)是一个非常完美的圆盘,仿佛有人在寒冷的冰面上切割而成,非常新奇。

（5）"冰莲花"

湖面上形成的一个个圆形冰凌,有的单个成圆,有的连成一串,像是湖面上盛开了一朵朵"冰莲花"。

2018年12月,新疆昭苏县的玉湖盛开了神奇"冰莲花"(图78)。

（6）冰瀑

天气寒冷时水流到低于0摄氏度的地表后与岩石冻结而成的一道道冰柱。晶莹剔透、精致又磅礴的自然冰瀑是大自然的冰雕杰作。

2019年1月,河南云台山出现冰瀑(图79)景观,奇特壮美。

图77　冰盘

图片来源:《大兴安岭日报》

图78　"冰莲花"

图片来源:人民网

图79　冰瀑

图片来源:新华网

（7）冰推

由于气温回暖,水面上的冰块逐渐融化,层层薄冰被涌动的水推向岸边。

2022年4月,新疆博尔塔拉蒙古自治州赛里木湖的冰面逐渐融化,出现了一年一度的冰推(图80)景观。蓝色的湖水和白色的冰块,形成赛里木湖冰推期独有的"半湖脂玉半湖蓝"景观。

（8）冰裂

冰裂是指河面冰层出现不规则的裂纹,在阳光的照射下冰面晶莹剔透,呈现出美丽的冰裂景观。

2022年2月13日,受低温影响,新疆巴州和静县哈尔莫敦镇开都河段出现了冰裂(图81)景观,冰块像不规则的镜面平铺在河面上,在阳光的照耀下闪闪发光,景象异常壮观。

图80　冰推
图片来源:新华社

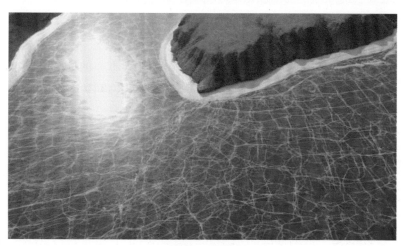

图81　冰裂
图片来源:中新网

(9)"煮冰排"

冰块随着河流在水中流淌被称为"跑冰排",当河面上空雾气笼罩,河里冰排流动,犹如热水煮冰一样,形成独具特色的"煮冰排"(图82)景观。

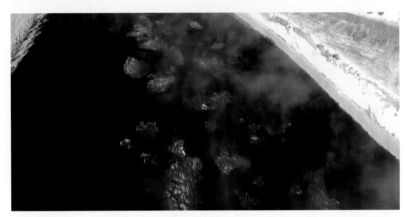

图82 "煮冰排"

图片来源:新华社

2020年11月,呼玛河上空水雾缭绕,大小不一的冰块在河中顺流而下,在雾气的映衬下,冰块在呼玛河中若隐若现,如同水煮似的。

(10)"雪烟囱"

凸出来很高的雪堆,中空且顶部或侧面有出气孔,热湿气由中间至出气孔溢出,遇冷如缕缕炊烟冒出,被形象地称为"雪烟囱"(图83)。

2. 还有哪些神奇的光现象?

(1)幻日

幻日是阳光穿过空中具有冰晶结构的卷云,产生的折射景观。此时肉眼一般可观察到多个太阳,是一种罕见的大气光学现象。

　　2021年3月12日上午,青海门源县空中出现了极为罕见的幻日大气光学现象,清晰的幻日(图84)景象持续了近1个小时。

图83　阿尔山"雪烟囱"
图片来源:中国网

图84　幻日
图片来源:中新网

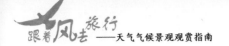

（2）日柱

日柱是指气温极低时太阳正好升起或落下,高层大气中片状冰晶反射阳光所产生的位于太阳正上方或正下方垂直延伸的光柱现象。

2021年1月9日傍晚,哈尔滨出现日柱(图85)景观。

图85　日柱

图片来源:哈尔滨新闻网

（3）极光

极光是指太阳发出的高速带电粒子与地球大气粒子碰撞,并使之带电辐射后产生的一种色彩瑰丽的大气发光景观。

3. 什么是水龙卷(龙吸水)?

水龙卷,俗称"龙吸水"或"龙吊水"等,是一种偶尔出现在温暖水面上空的龙卷风。

2021年9月19日上午,青海湖二郎剑景区东码头附近出现了水龙卷(图86)自然奇观,青海湖上空出现的白色水柱直插湖心,海天之间犹如上演了一部科幻大片。

图86 水龙卷

图片来源:央广网

4. 什么是"精灵"闪电?

在距离地面30~80千米的大气层中存在向上的闪电现象,一般难以捉摸,被称为"精灵"闪电。它维持的时间通常不到1秒,颜色变化多样,因此又被称为瞬态发光事件。

2022年6月19日,在喜马拉雅山脉西藏自治区的苏日玛附近,中国摄影师捕捉到了罕见的红色"精灵"闪电(图87)。

图87 "精灵"闪电

图片来源:"中国气象爱好者"微博账号

5. "喊湖"真的存在吗?

在四川亚丁国家级自然保护区内,就存在这样一个"喊湖"——俄绒措,它因冰川而生,呈扇贝形,湖水清莹碧蓝,湖的边缘呈现出牛奶般洁白的色泽,俄绒措因此有了"牛奶海"的美誉。生活在亚丁的藏族人视之为神圣之湖,不仅因为其具有奇幻的色彩,还因为它有着非同寻常的灵性,当地流传已久的说法是,来到湖边的人必须虔诚恭敬,不能大声喧哗或呼喊,否则便会触怒圣湖,降下大雨。

在雪域高原青稞成熟的季节,为了揭开"喊湖"——"牛奶海"的奥秘,中央电视台《地理·中国》节目组会同地质和气象学专家一起踏上艰险异常且天气变化莫测的探险之路。

通过在湖边"闻声而怒"的实验和风云突变的亲身感受,以及对"牛奶海"地理环境的考察,专家发现"牛奶海"位于仙乃日、央迈勇和夏诺多吉三座雪山环绕的山坳中。这三座雪山的海拔均为6000米左右,且各自相距5000~6000米,呈"品"字形排列。

专家认为,三座集中出现的高大雪山,阻挡了来自印度洋的西南暖湿气流,同时雪山上的冰川在阳光下不停地蒸发,在这种双重作用下,"牛奶海"附近的空气极其湿润,但又因空气十分洁净,缺少降雨所需的凝结核,所以很少下雨。

围绕"牛奶海"如此接近的三座雪山,仿佛构成了一个巨大的扩音器,将人们的喊声汇聚、放大,而受到放大的声波能量的扰动,细小微尘加速运动,从而聚集形成凝结核,使过饱和水汽凝结成水滴。同时,水汽冷却成雨点,释放热量,底层空气受热膨胀上升。"牛奶海"是有一定面积的高原湖泊,水面上的空气上下运动,形成了特殊的对流云,对流云中携带了大量的正负电离子,继而形成了电闪雷鸣的现象。这样罕见的特殊小气候环境,造就了"牛奶海"神秘的自然现象。

随着气候的改变,地球上很多地方的雪山、冰川正在逐渐消失。像"牛奶海"这样绝美的奇景也是非常脆弱的。正是生活在亚丁的藏族人,祖祖辈辈对雪山、草场、森林、湖泊等周围的自然万物心存敬畏,才让"牛奶海"成为原始自然的人间秘境。

6. "蓝眼泪"究竟是什么?

"蓝眼泪"是一种海洋生物(如夜光藻、海萤)发光现象,特别是当海洋生物达到一定数量时,在夜晚就会因为受到外界刺激而发出蓝光,就像大海流出的"眼泪"。每年4~6月,由于海水温度适宜且海况较好,夜光藻大量繁殖,易出现"蓝眼泪"现象(图88)。

图88　福建平潭县"蓝眼泪"

图片来源:"天气气候景观观赏地"征集活动